电子信息优秀译著系列

傅里叶变换在雷达和信号处理中的应用

（第二版）

Fourier Transforms in Radar and Signal Processing

(Second Edition)

[英] David Brandwood　著

熊正大　许宝民　俞静一　张宏伟　赵艳丽　石长安　译

電子工業出版社

Publishing House of Electronics Industry

北京·BEIJING

内 容 简 介

本书论述了傅里叶变换在雷达和信号处理中的应用，介绍了傅里叶变换的基础知识，推导了傅里叶变换常见的变换规则和变换对，研究了求解常见脉冲串的频谱、求解周期波形的频谱、采样定理、时延波形时间序列的插值、频谱失真的补偿、阵列波束形成等技术问题，给出了仿真生成高斯杂波、重采样、幅度均衡、宽带雷达阵列的均衡、和/差波束均衡、均匀/非均匀线性阵列波束形成等相关应用示例。

本书可以作为高等院校电子信息类专业雷达信号处理研究方向高年级本科生或研究生的参考教材，也可以作为雷达及雷达对抗领域工程技术人员进行雷达信号处理仿真分析的参考书。

© 2012 Artech House Inc.

685 Canton Street, Norwood, MA 02062.

本书中文翻译版专有出版权由 Artech House Inc. 授予电子工业出版社，未经许可，不得以任何方式复制或抄袭本书的任何部分。

版权贸易合同登记号 图字：01-2013-8332

图书在版编目（CIP）数据

傅里叶变换在雷达和信号处理中的应用：第二版 / (英) 大卫·布兰德伍德 (David Brandwood) 著；熊正大等译. —北京：电子工业出版社，2024.1

（电子信息优秀译著系列）

书名原文：Fourier Transforms in Radar and Signal Processing（Second Edition）

ISBN 978-7-121-47144-5

Ⅰ. ①傅… Ⅱ. ①大… ②熊… Ⅲ. ①傅里叶变换-应用-信号处理 Ⅳ. ①TN911.7

中国国家版本馆 CIP 数据核字（2024）第 027103 号

责任编辑：刘海艳
印　　刷：涿州市般润文化传播有限公司
装　　订：涿州市般润文化传播有限公司
出版发行：电子工业出版社
　　　　　北京市海淀区万寿路 173 信箱　邮编　100036
开　　本：787×1092　1/16　印张：11　字数：288.64 千字
版　　次：2024 年 1 月第 1 版（原书第 2 版）
印　　次：2025 年 1 月第 4 次印刷
定　　价：88.00 元

凡所购买电子工业出版社图书有缺损问题，请向购买书店调换。若书店售缺，请与本社发行部联系，联系及邮购电话：（010）88254888，88258888。

质量投诉请发邮件至 zlts@phei.com.cn，盗版侵权举报请发邮件至 dbqq@phei.com.cn。

本书咨询联系方式：lhy@phei.com.cn。

译 者 序

　　傅里叶变换是一种线性积分变换，用于信号在时域（或空域）和频域之间的变换，在物理学和工程学中有许多应用。译者团队主要从事雷达及雷达对抗领域项目论证建设工作，在雷达信号处理工作过程中，经常使用傅里叶变换技术，从本书中受益颇深。本书通篇浅显易懂，从傅里叶变换的概念出发，循序渐进讲述傅里叶变换规则和对、傅里叶级数、离散傅里叶变换和采样定理等基础理论知识，并给出在雷达信号处理中使用的一些示例，易于理解与掌握。译者高度赞同原著作者编写本书的目的，原著作者在 1.1 节阐述编写本书的目的不是为特定领域中的特定问题提供解决方案，而是为了说明如何在解决这些问题时巧妙地使用傅里叶变换技术，并给广大读者以启发，以便读者在其他问题或其他领域也能巧妙地使用该技术。

　　本书专业性较强，读者需具备高等数学、信号与系统、雷达原理等相关专业知识。本书在翻译过程中，译者结合近年来在相关领域所做的工作，并查阅相关专业书籍和文献，对相关术语描述进行了仔细推敲。多位领导和同事对本书的翻译工作给予了热心帮助和大力支持，在此表示衷心感谢。同时，对电子工业出版社编辑为本书出版所做的工作致以最诚挚的谢意。

　　雷达信号处理涉及的专业知识面广，由于译者水平有限，译文中难免存在错误之处，敬请广大读者批评指正。

译　者

2023 年 11 月

前　言

　　本书修订的主要变化是增加一个描述周期波形的新章节。傅里叶级数的主题已经使用规则和对方法（rules-and-pairs approach），特别是对实周期函数的常见情况。本书还包括了离散波形傅里叶变换的主题，特别是与快速傅里叶变换相关的周期性离散波形的讨论。

　　第一版中的错误主要是排版印刷上的错误，已得到更正。为使书籍更加清晰，此次对第一版中的文本、数学公式和图表的一些地方进行了修订。另外，特别在第 2 章和第 3 章还包括一些小的改版和例证。

　　本书另一个重要的补充是提供一个含 MATLAB 程序的光盘（中文版图书未提供光盘，请读者登录华信教育资源网 http://www.hxedu.com.cn 下载），包含本书所有插图的程序。读者可以使用相同的参数运行这些程序来重新产生插图，也可根据自己特定的兴趣或需求改变这些参数。

　　再次感谢出版社匿名审稿人，感谢他们的鼓励，感谢他们有用和敏锐的意见。

第一版前言

本书的基础内容是作者在 40 多年的工作生涯中不断积累起来的。从脉冲多普勒雷达的频谱到时延补偿，从天线阵列模式到有效的杂波仿真，傅里叶变换的"规则"和"对"方法已经在许多问题上都取得了良好的效果。人们发现这种方法通常简单有效，可以迅速产生有用的结果，可以清楚地看到函数和变换、波形和频谱之间的关系，而不是在复杂的积分中忽略这些关系。这样看来，这种方法的好处应该更加为人所知。作者最初的意图的是编写一份技术说明供作者的同事和继任者使用，然而，非常荣幸，Artech House 对此工作很有兴趣并给予了很大的鼓励，使得这项技术得到了更广泛地被宣传的机会。

非常感谢 Roke Manor Research 在编写这本书时提供的便利和自由，感谢 C. J. Tarran 的支持，感谢 S. H. W. Simpson 的审查，最后要感谢出版社匿名审稿人给予的鼓励和提出的有用意见。

目　录

第 1 章　绪　　论

1.1　工作目的

傅里叶变换是一种有价值的理论技术，广泛应用于应用数学、统计学、物理学和工程学等领域。然而，函数与其变换之间的关系是通过积分给出的，并且可能需要一定量的烦琐积分来获得给定应用中的变换。一般来说，用户感兴趣的是函数和其变换本身，而不是它们两个从一个获得另一个的过程，即使这一过程并不困难，也可能很复杂，需要注意避免任何可能导致结果错误的失误。如果可以在没有积分的情况下获得变换函数，那么大多数用户会非常喜欢这一点。事实上，任何一个在某一特定领域（例如雷达领域，在该领域中频谱需要对应于各种各样的、或者相当类似的波形）进行过多次傅里叶变换的人都会注意到特定的波形具有特定的变换，并且波形之间特定的关系会导致频谱之间具有相对应的关系。通过了解一定量的波形变换对和规则的知识，组合和加权傅里叶变换，就可以在没有任何显式积分的情况下进行非常大量的傅里叶变换分析。这些积分被预先打包在一系列傅里叶变换规则和变换对中。

本书的目的是再次提出傅里叶变换的"规则"和"对"方法（rules-and-pairs approach）。该方法首先由 Woodward[1]给出系统定义并说明用途。第 2 章给出了规则和对，以及表示法，其余章节给出了该技术在一些领域中的应用。本书的这些应用主要集中在信号或波形处理领域（第 8 章除外），但是该技术是通用的，选择这个领域不意味着傅里叶变换的其他用户不会发现该技术其他有趣和有价值的应用。

虽然本书的某些结果可能看起来特别有趣和有用，但是编写本书的目的绝不是为所涉及领域的特定问题提供解决方案。更具体地说，编写本书的目的是说明如何解决这些问题以及如何以各种方式巧妙地使用该技术。这些结果的获取因为使用了积分而变得更加困难和烦琐，并且使用积分可能使这些问题的结果以一种更加难以解释和理解的形式表达出来。实际上，这种方法的一个重要的优点是，在使用表示法的帮助下，通过关注函数本身而不是积分的机制，可以更加清晰地了解到变换的性质。虽然本书列举的例子可能不包括读者的特定问题，但一些示例可能非常接近这些特定问题，可以为如何使用规则和对方法来解决问题提供建议，并且这种解决方式可能比其他方法更容易。一旦用户熟悉了该方法，就可以出奇容易和简明地获得许多结果，并且令人惊讶的是，这种方法可以应用于一些复杂的问题。

1.2　傅里叶变换规则和对方法的起源

在 20 世纪初期，随着电子技术的出现，处理信息（发送、接收和处理信息）的可能性极大地超过了 19 世纪任何巧妙的机械技术所能实现的可能性。无论可用的技术是什么，无论性能对各种参数（如带宽和信噪比）有多少依赖，了解性能极限的需求导致了信息理论学科的兴起。在战争的刺激下，电子科学的一种新的应用（雷达）在 20 世纪 30 年代至 20 世纪 40 年代迅速发展起来，对雷达的理论分析也随之兴起。1953 年，P.M.Woodward 的专著《概率论和信息论在雷达中的应用》[1]问世。在现代雷达教科书中，对雷达探测、精度、分辨率和模糊度主题的编写通常参考这本专著。本书后面章节中的这几个主题也参考了这本专著。但是，为了得到这些结论，Woodward 需要波形分析领域中的结果，这是该书第 2 章的主题，其中介绍了他的规则和对。傅里叶变换将信号的波形和频谱联系起来，这种技术是时频分析的主要工具，Woodward 认为这是信息论、无线电和雷达大部分数学研究的基础。

这并不是说 Woodward 的规则和对本身特别新颖。正如 Woodward 所说，这些变换对是众所周知的，这些规则是"大多数电路数学家都知道的"。新的内容可能是对规则集的仔细规范以及对它们坚定且连续的使用，以非常直接和简洁地获得转换。除了雷达中数学研究需要的结论，Woodward 用这种方法很巧妙地推导出重要的一般性结论（同样是已知的），如帕塞瓦尔定理、采样定理和泊松公式。Woodward 的成果更有新意、更有价值的地方在于其对符号的贡献，包括 rect 函数、sinc 函数、comb 函数和 rep 运算符。自此以后，术语 sinc 函数被更广泛地接受和使用，尽管遗憾的是，存在歧义，一些作者使用 $\mathrm{sinc}x$ 来表示 $\frac{\sin x}{x}$ 而不是这里的 $\frac{\sin(\pi x)}{\pi x}$。（这里遵循 Woodward 的定义；在这种形式下，sinc 是一个更自然、更优雅的函数，特别是在傅里叶变换的应用中，表达式中的 π 因子不那么混乱。）comb 函数和 rep 算子用于描述采样或周期信号的波形及其频谱，因此原则上可以使整个傅里叶级数的领域并入傅里叶变换领域，见第 4 章。因此，傅里叶级数现在可以看作傅里叶变换的特殊形式，而不是仅仅把傅里叶变换看作傅里叶级数的一种极限情况。对于适当的波形，这样能够在没有显性积分的情况下得到傅里叶级数的系数。

1.3　规则和对方法概述

为了使用该方法，要变换的函数首先必须要用表示规则和对的符号谨慎地表示（即用傅里叶变换对表格中包含的基本函数表示）。傅里叶变换对的表格给出了这些函数的变换，傅里叶变换规则表提供了这些变换（如总和、乘积、卷积和适当的加权比例因子）之间的关系。这些关系是由输入的基本函数之间的关系决定的。

这些表示法是特定和专用的，但也是合理自然和能被快速掌握的，在第 2 章以规则和对表格的形式给出。当使用规则和对获得变换时，得到的表达式需要说明，且可能从重新排列和简化中受益。函数的示意图有助于生动地表述一个数学表达式，特别是第 2 章、第 3 章和第 4 章提供了相当丰富的函数及其变换的例证。

表示法的一个特点是，一个给定的函数（或波形）有时可以用多种方式正确地描述，这导致其转换（或频谱）的表达式不止一个，当然这些表达式必须是等价的。对正在研究的特定案例而言，这些表达式中的某一个可能比另一个更合适和更方便。因此，在选择波形描述方面，这是一种基于经验和想象（根据解决某些微分方程或积分中某些问题的需要）的艺术，用来产生以所需形式表示的频谱。正如 Woodward 所示，这种替代描述方法在产生通用结果或定理方面特别有效。一个很好的例子是 Woodward 在第 5 章给出的时域采样定理的证明，其中通过用两种不同的方式表示波形的频谱，建立了连续波形和其采样波形的等价关系。

1.4　傅里叶变换和广义函数

傅里叶级数的概念直观上看起来非常合理——任何周期函数都可以用基本周期函数的和来表示。这些基本周期函数可以是正弦和余弦函数，也可以是与之等价的复指数。基本函数的频率是周期函数重复频率的整数倍（包括 0、常函数）。这个和可能是无穷大的，但这个数学工具的用户通常乐于让数学家去证明这个和的合理性，从而确定它收敛的条件；然而，对于在实践中出现的问题，如在物理学或工程学中，显然这样的和是收敛的。因此，可以将实变量 x 的实函数或复函数设为 f，周期为 X：

$$f(x) = \sum_{n=0}^{\infty} a_n \cos(2\pi nx/X) + \sum_{n=1}^{\infty} b_n \sin(2\pi nx/X) = \sum_{n=-\infty}^{\infty} c_n \exp(2\pi i nx/X) \tag{1.1}$$

（通过将三角函数表示为复指数，可以将 c_n 与 a_n 和 b_n 联系起来。从现在开始，第 4 章除外，只关注复指数级数。）级数的系数是通过对函数在一个周期内求积分得到的，例如，

$$c_n = \frac{1}{X} \int_{x_0-X/2}^{x_0+X/2} f(x) \exp(-2\pi i nx/X) dx \tag{1.2}$$

当周期趋于无穷大和基频为 0 时，傅里叶变换可以作为傅里叶级数的特例。在这种情况下，当 $x \to \infty$ 时，令 $n/X \to y$、$1/X \to dy$、$c_n \to g(y)dy$，其中 g 是替换离散级数 c_n 的连续函数，式（1.1）中的求和就变成了求积分。因此，式（1.1）和式（1.2）分别变成

$$f(x) = \int_{-\infty}^{\infty} g(y) \exp(2\pi i xy) dy \tag{1.3}$$

和

$$g(y) = \int_{-\infty}^{\infty} f(x) \exp(-2\pi i xy) dx \tag{1.4}$$

式中，$g(y)$ 是 $f(x)$ 的傅里叶变换。即使是不关心收敛问题的实用型用户，知道自己有一个良好的（例如没有极点的）连续函数，相信自己的问题有一个良好的解决方案，也会发现这里存在一定的困难。显然，因为式（1.2）的积分区间是有限的，所以式（1.2）的积分收敛（有一个有限值），但对于式（1.4）中的积分，这一点并不一定成立，因为它的积分区间是无限的。（对于这样的一个函数，前者是绝对可积的，也就是说，被积函数模的积分是有限的，但后者不一定是这样。）出现这种困难的最简单的函数是常函数，很明显，如果这个数学工具不能处理这种情况，那么它的价值将严重受限。

求常函数（假设对于所有的实数 x，$f(x)=1$）傅里叶变换的一种方法是找到一个函数序列，该序列具有式（1.4）给出的变换，并且在一些参数的限制下可以逼近 f。例如，可以选择 $f_n(x)$ 作为函数 $\exp(-\pi x^2/n^2)$ 代入式（1.4），得到其傅里叶变换是 $g_n(y) = n \exp(-\pi n^2 y^2)$。在有限情况下，当 $n \to \infty$ 时，$f_n(x) \to f(x)=1$，对于任意的一个 x，无论选择多么小的正数 ε，都可以找到一个 n 的值，使得 $f_n(x)>1-\varepsilon$。同样，$g_n(y) \to g(y)$，其中 $g_n(0) \to \infty$，$g_n(y) \to 0$；或者，对任意非零值 y 和正数 ε，无论数值多小，总可以找到一个 n 的值，使 $g_n(y)<\varepsilon$。有限函数 g 是狄拉克 δ 函数，它在这个理论中起着重要的作用。从严格意义上来说，δ 函数不是一个普通函数，而是 Lighthill 术语中

的一个广义函数[2]。

当 $f(x)$ 是一个常函数（并且如果它也是周期函数）时，虽然使用式（1.4）是有困难的，但这并不意味着这些函数没有傅里叶变换。这个问题已经得到了正式的解决，并且 Laurent Schwarz 在严格的基础上建立了傅里叶变换的科目。然而，要做到这一点，就必须把函数的概念推广到包括 δ 函数的概念中去。事实上，Temple 已经引入了"广义函数"这一术语，Lighthill 清晰易懂地提出了这一术语[2]。如本文所示，一般而言，普通函数满足广义函数的定义（如合适函数的有限序列）。这意味着，实际上可以自信地接受并将 δ 函数（在线谱的情况下，包括 δ 函数的行）和普通函数一起用于傅里叶变换的运算和分析。

δ 函数是多个系列函数的极限。这些函数包括一系列高斯函数（也见文献 [1] 的第 15 页和第 28 页）、一系列三角函数，以及第 2 章图 2.3 所示的一系列矩形函数和 sinc 函数。Lighthill 的定义中包含了可以使用不同序列的事实，尽管他的函数应该在任何地方都可微分，这实际上也排除了三角函数和矩形函数的级数。

对于广义函数理论，Woodward 没有可以参考的文献；Schwarz 的作品发表于 1950—1951 年，只比 Woodward 的书的出版时间（1953 年）早了一点点，Temple（1955 年）和 Lighthill（1958 年）后来进一步传播了这些观点。狄拉克 δ 函数是物理学和工程学需要一种新的数学工具的常见例子。它早已被设计出来并给出了非常合理的解释（作为一系列三角函数的极限），只不过是在后来才有了一个更严格的数学定义。

1.5　信号处理中的复数波形和频谱

这里介绍的傅里叶变换方法使用复数傅里叶变换，通过复数傅里叶变换可以将实数或复数波形表示为复指数（复指数是基本的复数波形）的和或积分[见式（1.3）]。复数波形的概念不应该仅仅看作数学上的便利，实数的波形只是它的实数部分。基本的复数波形 $\exp(2\pi i f t)$ 可以表示为两个通道中 $\cos(2\pi f t)$ 和 $\sin(2\pi f t)$ 的实数波形对。这个实数波形对必须按照复数运算的规则进行适当的处理。复数可以表示为一对有序的实数[即，$z = x + iy$ 可以写成 (x, y)，满足 $(x_1, y_1) + (x_2, y_2) = (x_1 + x_2, y_1 + y_2)$ 和 $(x_1, y_1) \times (x_2, y_2) = (x_1 x_2 - y_1 y_2, x_1 y_2 + x_2 y_1)$ 的规则]。这避免了虚部常数 i 的显式使用，如果这让实际用户担心的话，我们只需要考虑 i 作为一种开关的形式，将波形从通道 1（"实部"）移到通道 2（"虚部"），或者从通道 2 移到通道 1，在这种情况下符号会发生变化。我们注意到，通过使用复数波形，负频率的概念被赋予了意义。与正频率形式相比，这对应于通道 2 中波形的反转[即一对 $\cos(2\pi f t)$ 和 $-\sin(2\pi f t)$]。

在信号处理中，使用解析信号很方便。解析信号是指从无线电、雷达天线或者声呐传感器中接收到的与实波形相对应的复波形。因此，如果波形表示为 $a(t)\cos(2\pi f_0 t + \phi(t))$，即一个载频为中频（IF）或射频（RF） f_0，一般情况下幅度和相位均（时域）调制的信号，那么它的复数形式可以表示为 $a(t)\exp[i(2\pi f_0 t + \phi(t))]$，为一对 $\{a(t)\cos(2\pi f_0 t + \phi(t))$、$a(t)\sin(2\pi f_0 t + \phi(t))\}$。该对的第二个成员是由第一个成员通过希尔伯特变换得到的。希尔伯特变换实际上是将宽带进行了-90°的相移。（因此，信号中所有的余弦分量，不管它们的频率是多少，都可以变成正弦，正弦可以变成负的余弦。）实际上，对于中等分数带宽，这可以通过一个 3dB 混合定向耦合器来高保真地实现。该耦合器的两个（实数）输出可视为所需的（复数）波形对。使用解析信号的优点是（至少在载波上）频谱是"单边的"，只有正频率分量，与实波形的双边谱不一样。如果复波形被混合到复基带，使用复本振（LO）$\exp(-2\pi i f_0 t)$，可得到复波形 $a(t)\exp[i\phi(t)]$，这是调制波形的一部分，其中包含我们感兴趣的信息。在基带中，频谱将包含来自输入信号分量的正负频率，输入信号的频率分别高于和低于 LO 频率。通常，频谱不一定是对称的。

如果对两个实基带波形进行（同时）采样和数字化，那么对于所需的任何处理计算，这些采样对都可以用作复数。就 IF 或 RF 形式而言，这两个信号通道通常被称为 I 和 Q，用于同相和（相位）正交。这种措辞是相对不得当的，因为 I 指的是实通道，而不是虚通道。更优雅的术语是用 P 和 Q 来表示同相和正交。

1.6　内容提纲

规则和对将在第 2 章中介绍。在介绍之前，首先定义和说明了表示规则和对的符号，然后给出了四个使用规则和对技术的实例。实例中对规则和对的方法进行了介绍，并说明了如何容易地获得一些有用和重要的结果。第 2 章增加了两个附录，附录插入的内容依然有效：一个给出了规则和对的推导大纲；另一个是通过使用这些规则，矩形脉冲变换得到了非常有用的 sinc 函数的性质。

剩余的章节给出使用规则和对技术的实例和证明。可以看出，所有的结果都是在没有任何（显性）积分的情况下得到的，并且实际上除了一些用傅里叶变换来定义问题的表达式，几乎看不到积分符号。第 3 章关于脉冲频谱的部分介绍了这项技术最常见的应用之一。对于新接触这种方法的读者，第 2 章和第 3 章给出了一个相对简单的使用说明。在接下来的章节中，虽然第 4 章和第 5 章在理论上可能比实际更有趣，但第 6 章到第 8 章展示了在实际领域中应用的方法，相对容易地给出了一些令人印象深刻的结果。

第 4 章介绍了规则和对方法在周期波形中的应用，作为使用积分的常用傅里叶级数方法的替代方法，特别是采用了实数波形分析的常见情况，并给出一些示例。此处包括离散波形的应用。尽管离散傅里叶变换（DFT）不一定是周期性的，但非常有价值的快速傅里叶变换（FFT）方法是周期性的（通常是隐性的），并且该方法可以清楚地显示这些波形和频谱的形式。

第 5 章研究采样，特别是与数字信号处理相关的采样，给出了基本的采样定理（采用 Woodward 的例子）。该定理给出了在有限带宽波形中保留所有信息所需的最小采样率。此外，还分析了一些其他形式的采样，这些形式相对于实际意义而言可能更具有理论意义。这些结果肯定比使用之前论文中的采样方法更容易得到。这些方法没有使用 Woodward 的方法和表示法。

第 6 章讨论了从原始序列中得到一系列时间偏移样本的问题。这些插值的样本对应于通过时间偏移来对波形进行采样得到的样本。当波形不再可用时，这样做的能力很重要，因为它提供了时延波形的采样形式。如果为了保留所有波形信息而对波形进行最小采样率采样，那么精确插值需要为每个输出值组合大量的输入样本。结果表明，过采样（以高于实际需要的采样率进行采样）可以大大减少这个数量，使其降到一个相当低的值。用户可以将采样速度稍快的缺点（如果有的话）与节省的插值所需的计算量进行比较。书中给出了一个例子（雷达 MTI 系统杂波仿真），在该例子中确实是非常大地减少了计算量。

第 7 章讨论了频谱失真的补偿问题。时延补偿（相位误差与频率呈线性关系）是通过一种类似于插值的技术实现的，但幅度补偿有意思的是，它需要一组新的变换对，包括这里定义的由 sinc 函数微分得到的函数。对于所选择的问题，补偿被认为是非常有效的，并且再次过采样可以大大降低实现的复杂性。以雷达应用中的宽带天线阵的响应均衡问题为例，说明这项技术十分有效。

第 8 章利用一个事实，即线性孔径的照射与其波束方向图之间存在一个傅里叶变换关系。事实上，更关注的不是连续孔径，而是规则的线性阵列。它是一个采样孔径，在数学上与前面章节中考虑的采样波形相对应。考虑两种形式的问题：低副瓣定向波束和更宽的覆盖具有均匀增益的角扇形波束。原则上，对于连续孔径虽然也可以得到类似的结果，但是在实践中很难应用所需加权（或逐渐变窄）的孔径。此外，还考虑了从不规则线性阵列产生所需方向图的问题，特别是对于扇形波束。

我们注意到，第 3 章的一些节以及第 5 章到第 8 章的大部分节分析了周期波形（带有线谱）或采样波形（带有周期性频谱），这意味着需要进行傅里叶级数分析，而不是进行非周期傅里叶变换。然而，问题并不是很容易地转向传统的傅里叶级数分析。如前所述，正如 Lighthill 在文献[2]第 66 页所言，经典的傅里叶级数理论现在包含在更一般的傅里叶变换方法当中。对非周期函数和周期函数，使用 Woodward 的表示法，应用容易（无须积分），除表示法不同外，没有其他区别。

附带的 MATLAB 程序包应该是读者感兴趣且有用的。它包含所有主要插图的程序，以图形的形式给出结果和插图。程序名称为插图的程序名称（例如，Fig608 或 Fig614，为图 6.8 或图 6.14 的程序文件）。序言包括所有所需参数的定义，以及至少一个用于运行程序的示例 MATLAB 语句。可以将语句粘贴到 MATLAB 命令窗口并运行以重新产生图形。然后，用户可以根据自己的兴趣或要求更改参数以获得其他结果。一些程序需要的 sinc 导数函数将在第 7 章中定义，第 r 阶导数被定义为 snc_r。程序包中包含程序 $\mathrm{snc}(r,x)$，它返回参数 x 和阶数 r 的值（对于 sinc 函数本身，r 设置为 0）。

参 考 文 献

[1] Woodward, P. M., *Probability and Information Theory, with Applications to Radar*, London, UK: Pergamon Press, 1953, reprinted at Norwood, MA: Artech House, 1980.

[2] Lighthill, M. J., *Fourier Analysis and Generalised Functions*, Cambridge, UK: Cambridge University Press, 1960.

第 2 章　规 则 和 对

2.1　引言

本章介绍在不使用积分的情况下对一些函数进行傅里叶变换的基础工具和技术。在本书的剩余部分，本章给出的定义和结果将用于相对快速和容易地获得有用的结果。其中一些结果已经得到了很好的证实，这些推导将作为该方法非常有价值的例证，表明如何处理类似或相关的问题。

规则和对方法已在第 1 章中概述。首先，要用恰当且精确的表达式正式地描述要转换的函数，用一些非常基本或初等的函数来定义函数，如矩形脉冲或 δ 函数，以加法、乘法或卷积的方式进行组合。这些基本函数中的每一个都有傅里叶变换，函数及其变换形成一个变换对。其次，通过使用已知的一系列变换对和一系列已建立的规则来将每个基本波形替换为它的变换。这些规则将变换的组合方式与输入函数的组合方式联系起来。例如，函数的加法、乘法和卷积分别转换为变换的加法、卷积和乘法。最后，变换的表达式可能在重新排列之后需要解释。函数和其变换的关系图非常有用，在这里被广泛使用。

首先定义使用的符号。其中一些术语，如 rect 和 sinc，在某种程度上得到了更广泛的应用，但 rep 和 comb 却鲜为人知。我们对卷积进行了简短的讨论，因为卷积运算在这项工作中很重要，是与原始域中的乘法相对应的变换域中的运算（反之亦然）。接下来介绍关于傅里叶变换的规则和一系列傅里叶变换对。后面的章节将在主要应用之前列举三个示例。

2.2　符号

2.2.1　傅里叶变换和逆傅里叶变换

设 u 和 U 是两个相关的广义函数，有

$$u(x) = \int_{-\infty}^{\infty} U(y) e^{2\pi i x y} dy \tag{2.1}$$

和

$$U(y) = \int_{-\infty}^{\infty} u(x) e^{-2\pi i x y} dx \tag{2.2}$$

U 是 u 的傅里叶变换，u 是 U 的逆傅里叶变换。在这两个变换域中已经使用了一对通用变量 x 和 y，但是当这些变换广泛应用于时域波形频谱分析时，选择了与时间和频率相关的 t 和 f。以这种形式进行变换，为了保持变量之间的高度对称性，在指数形式时使用

2π（例如，在频谱分析中使用频率 f，而不是角频率 $\omega = 2\pi f$）；否则，需要在其中一个表达式中引入 $\frac{1}{2\pi}$ 的因数，或者在两个表达式中都引入 $1/\sqrt{2\pi}$ 的因子。我们发现，一般来说，将小写字母用于波形或时域函数，将大写字母用于变换或频谱很方便。我们将这种傅里叶变换对表示为

$$u \Leftrightarrow U \tag{2.3}$$

式中，$\Rightarrow$ 表示正变换；$\Leftarrow$ 表示逆变换。

我们注意到，表达式之间仍然有一个小的不对称；正变换（从 u 推导出 U）的指数是负的，逆变换的指数是正的。所使用的许多函数是对称的，正变换和逆变换的操作是相同的。但是，如果不是这种情况，那么注意给定应用程序中需要哪种变换可能很重要。

2.2.2   rect 和 sinc

rect 函数被定义为

$$\text{rect}\,x = \begin{cases} 1 & -\frac{1}{2} < x < +\frac{1}{2} \\ 0 & x < -\frac{1}{2}\ \text{和}\ x > +\frac{1}{2} \end{cases} \quad (x \in \mathbb{R}) \tag{2.4}$$

且 $\text{rect}\left(\pm\frac{1}{2}\right) = \frac{1}{2}$。这是一个非常常见的窗函数，单位宽度、单位高度、以 0 为中心的脉冲如图 2.1（a）所示。脉宽为 T、幅度为 A，以 t_0 时刻为中心的脉冲由 $A\text{rect}[(t-t_0)/T]$ 给出，如图 2.1（b）所示。在频域中，$\text{rect}[(f-f_0)/B]$ 定义为以 f_0 为中心、带宽为 B 的矩形频带。具有这种特性的脉冲或滤波器严格意义上来说虽是不现实的（或不可实现的），但对于许多研究来说可能足够接近。

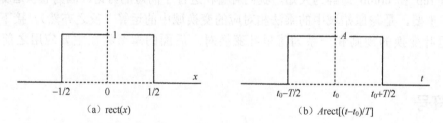

（a）rect(x)   （b）$A\text{rect}[(t-t_0)/T]$

图 2.1   rect 函数

矩形函数的傅里叶变换是 sinc 函数，sinc 函数表示为

$$\text{sinc}\,x = \begin{cases} \dfrac{\sin(\pi x)}{\pi x} & x \neq 0 \\ 1 & x = 0 \end{cases} \quad (x \in \mathbb{R}) \tag{2.5}$$

这在图 2.2（a）中进行了说明，图 2.2（b）给出了一个 sinc 函数的移位加权形式。这遵循 Woodward 的定义[1]，是一个比 $\frac{\sin x}{x}$ 更简洁的函数，$\frac{\sin x}{x}$ 有时被（令人困惑地）称为 $\text{sinc}\,x$（或未加权的 sinc 函数）。它有以下性质：

性质 1   当 n 为非零整数时，$\text{sinc}\,n = 0$；

性质 2 $\displaystyle\int_{-\infty}^{\infty} \text{sinc}\,x\ \mathrm{d}x = 1$；

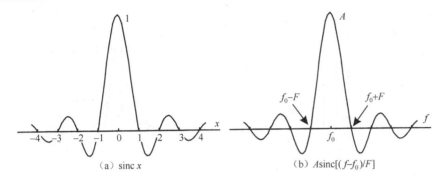

图 2.2　sinc 函数

性质 3　$\int_{-\infty}^{\infty} \text{sinc}^2 x \, \mathrm{d}x = 1$；

性质 4　$\int_{-\infty}^{\infty} \text{sinc}(x-m)\text{sinc}(x-n) \, \mathrm{d}x = \delta_{mn}$，其中，$m$ 和 n 是整数，δ_{mn} 是克罗内克-δ 函数（$m = n$ 时，$\delta_{mn} = 1$；$m \neq n$ 时，$\delta_{mn} = 0$）；

性质 5　$\text{sinc}(ax) \otimes \text{sinc}(bx) = (1/a)\text{sinc}(bx)$（$a, b \in \mathbb{R}, a \geqslant b > 0$），其中，$\otimes$ 表示卷积，在 2.2.5 节进行定义。

对于函数 $\dfrac{\sin x}{x}$，结果更不简洁，出现了 π 或 π²。性质 4 可以用以下形式表示，移位的 sinc 函数集 $\{\text{sinc}(x-n) : n \in \mathbb{Z}, x \in \mathbb{R}\}$ 是实线上的一个标准正交集。这些结果很容易通过这里介绍的方法得到，并在附录 2A 中给出推导过程。证明性质 3 和性质 4 时，我们使用了有用的一般性结论：

$$\int_{-\infty}^{\infty} u(x)\mathrm{d}x = U(0) \tag{2.6}$$

这是根据式（1.4）中令 $y = 0$ 的逆傅里叶变换的定义得出的。因此，如果一个函数 u 可以用对表（表 2.2）中给出的函数表示，我们可以得到 u 的定积分（$-\infty$ 到 ∞ 范围内），而不用进行任何实际的积分运算，只需将 u 变换中的变量值设置为 0。

尽管有 $\dfrac{1}{x}$ 因子，但该函数在实线上是可解析的。该属性唯一可能存在问题的点是 $x = 0$。然而，通过

$$\lim_{x \to +0} \text{sinc}\, x = \lim_{x \to -0} \text{sinc}\, x = 1$$

我们可以定义 $\text{sinc}(0)=1$，这样就确保了该函数在这一点上是连续可微的。关于 sinc 函数的有用实例是，它的 4dB 波束宽度（即峰值以下 4dB 处的波束宽度）几乎完全等于第一个零点处[基本函数在 ±1，图 2.2（b）中的加权版本在 ±F] 宽度的一半，3dB 宽度为 0.886，第一副瓣峰值相对于主瓣峰值处于-13.3dB 的较高电平。

2.2.3　δ 函数和阶跃函数

δ 函数虽不是一个适当的函数，但可以定义为一系列函数的极限。这些函数具有积分的统一性，除零点之外的实线上任意点处的值都收敛为 0。使得 $\lim\limits_{n \to \infty} f_n(x) = \delta(x)$ 成立的合适的函数序列 f_n 有 $n\,\text{rect}(nx)$、$n\exp(-2\pi n^2 x^2)$、$n\,\text{tri}(nx)$ [见式（3.6）] 和 $n\,\text{sinc}(nx)$，如图 2.3 所示。因此，δ 函数具有以下性质：

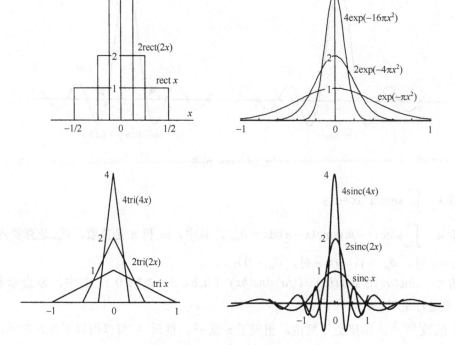

图 2.3   4 个函数序列逼近 δ 函数

$$\delta(x - x_0)u(x)$$

$$\delta(x) = \begin{cases} \infty & x = 0 \\ 0 & x \neq 0 \end{cases} \quad (x \in \mathbb{R}) \tag{2.7}$$

和

$$\int_{-\infty}^{\infty} \delta(x)\mathrm{d}x = 1 \tag{2.8}$$

实际上，Lighthill 定义的广义函数要求序列的成员在任何地方都是可微的[2]，这实际上排除了 rect 和 tri 函数序列。由式（2.7）可以注意到，我们可以使

$$\delta(x - x_0)u(x) = \delta(x - x_0)u(x_0) \tag{2.9}$$

（假设 u 是有界的）因为等号左边的乘积除了在 x_0 以外，其他地方都是 0。特别是，我们注意到 $\delta(x)u(x) = \delta(x)u(0)$。由式（2.8）和式（2.9）我们推导出有用的性质：

$$\int_I \delta(x - x_0)u(x)\mathrm{d}x = u(x_0) \tag{2.10}$$

式中，I 是包含 x_0 的任意区间。因此，函数 u 和 δ 函数在 x_0 处的卷积（定义见 2.2.5 节）可以表示为

$$u(x) \otimes \delta(x - x_0) = \int_{-\infty}^{\infty} u(x - x')\delta(x' - x_0)\mathrm{d}x' = u(x - x_0) \tag{2.11}$$

（即函数 u 的波形被移动，使得其先前的原点变成了 δ 函数所在的位置 x_0。）函数 u 本身可以是一个 δ 函数，例如，

$$\delta(x - x_1) \otimes \delta(x - x_2) = \int_{-\infty}^{\infty} \delta(x - x' - x_1)\delta(x' - x_2)\mathrm{d}x' = \delta(x - (x_1 + x_2)) \tag{2.12}$$

这是对 x_1 处和 x_2 处的两个 δ 函数进行卷积，得到 $(x_1 + x_2)$ 处的 δ 函数。

时域中的 δ 函数表示当 δ 函数的自变量为 0 时发生的单位脉冲[即 $\delta(t - t_0)$]，它表示 t_0 时刻的单位脉冲。在频域中，它表示单位功率的谱线（见 4.2.1 节）。一个加权的 δ 函数，如 $A\delta(x - x_0)$，被描述为强度为 A。在图 2.6 中，它由位置 x_0 处的高度为 A 的垂线表示。

阶跃函数 $h(x)$ 如图 2.4（a）所示，在这里被定义为

$$h(x) = \begin{cases} 1 & x > 0 \\ 0 & x < 0 \end{cases} \quad (x \in \mathbb{R}) \tag{2.13}$$

[并且 $h(0) = \frac{1}{2}$]。它也可以定义为 δ 函数的积分：

$$h(x) = \int_{-\infty}^{x} \delta(\xi) \mathrm{d}\xi \tag{2.14}$$

并且 δ 函数是阶跃函数的导数。

步长为 x_0 的阶跃函数表示为 $h(x - x_0)$ [见图 2.4（b）]。

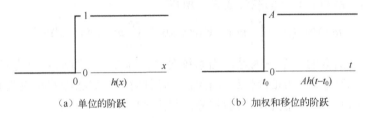

（a）单位的阶跃 （b）加权和移位的阶跃

图 2.4 阶跃函数

2.2.4 rep 和 comb

rep 运算符通过以其后缀指定的固定脉冲重复周期来生成新函数。例如，$p(t)$ 表示一个脉冲，重复周期为 T 时的无穷脉冲序列由 $u(t)$ 给出，如图 2.5 所示，有

$$u(t) = \mathrm{rep}_T p(t) = \sum_{n=-\infty}^{\infty} p(t - nT) \tag{2.15}$$

移位的波形 $p(t - nT)$ 可能重叠。如果 p 的持续时间大于重复周期 T，就会出现这种情况。任何重复的波形都可以表示为一个 rep 函数。rep 函数波形的任何一个周期长的部分都可以作为基本函数，然后以周期的间隔进行重复（不重叠）。

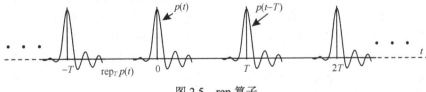

图 2.5 rep 算子

comb 函数由一个连续函数推导得到，该函数用固定周期（由后缀指定）的 δ 函数来替换它，δ 函数的函数值由这些点处连续函数的函数值给出，即

$$\mathrm{comb}_T u(t) = \sum_{n=-\infty}^{\infty} u(nT) \delta(t - nT) \tag{2.16}$$

在时域中，这表示一个理想的采样操作。在频域中，连续谱的梳状谱是与给出的连续谱波形的重复形式相对应的线谱。

函数 $\text{comb}_T u(t)$ 如图 2.6 所示，其中 $u(t)$ 是基础连续函数，用点线表示，comb 函数是 δ 函数的集合。

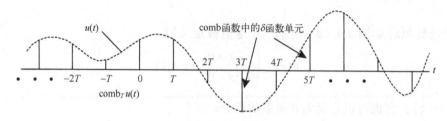

图 2.6　comb 函数

2.2.5　卷积

用 $\otimes$ 表示两个函数 u 和 v 的线性卷积，所以

$$u(x) \otimes v(x) = \int_{-\infty}^{\infty} u(x-x')v(x')\mathrm{d}x' = \int_{-\infty}^{\infty} u(x')v(x-x')\mathrm{d}x' \tag{2.17}$$

需要这样一个函数的一个原因是，当系统对单位脉冲（零时刻）的响应为 $v(t)$ 时，求线性、时不变系统对输入 $u(t)$ 的响应。因此，t 时刻对 t' 时刻脉冲的响应为 $v(t-t')$。我们把 u 分成无数个脉冲 $u(t')\mathrm{d}t'$ 的和，然后积分，得到 t 时刻的输出为

$$\int_{-\infty}^{\infty} u(t')v(t-t')\mathrm{d}t' = u(t) \otimes v(t) \tag{2.18}$$

响应 v（作为 t' 的函数）反转的原因是，脉冲 $u(t')\mathrm{d}t'$ 到达得越晚，t 时刻影响总响应的脉冲响应越早。

很明显，从积分的线性性质来看，卷积是线性分布的，因此有

$$u \otimes (av + bw) = au \otimes v + bu \otimes w \tag{2.19}$$

式中，a 和 b 是常数。卷积也是可交换（$u \otimes v = v \otimes u$）和互相结合的，有

$$u \otimes (v \otimes w) = (u \otimes v) \otimes w \tag{2.20}$$

简单地把它们写成 $u \otimes v \otimes w$ 也不会有歧义。因此，根据此性质，可以自由地重新排列卷积的组合，并计算不同序列中的多个卷积，如式（2.20）所示。

了解两个函数卷积的含义是十分有用的。卷积是通过将其中的一个函数（反转）滑动到另一个函数上，并对函数在整条实线上进行积分得到的。图 2.7（a）显示了两个 rect 函数（$\text{rect}(t/T_1)$ 和 $\text{rect}(t/T_2)$，$T_1 < T_2$）卷积的结果。图 2.7（b）显示了当以短画线表示的"滑动"函数 $\text{rect}(t/T_1)$ 以点 $-t_0$ 为中心时，点 $-t_0$ 处的卷积值由函数的重叠面积给出。我们注意到，重叠开始于 $t = -(T_1 + T_2)/2$，并且重叠的面积线性增加，直到 $(T_1 - T_2)/2$ 较小的脉冲在较大的脉冲内。对于这些单位高度的脉冲，平顶的区间长度仅为 T_1，即较小脉冲的面积。这等于当较窄的脉冲完全在较宽的脉冲内时的重叠面积。对于幅度为 A_1 和 A_2 的脉冲，卷积值为 $A_1 A_2 T_1$；对于 t_1 和 t_2 为中心的脉冲，卷积响应以 $t_1 + t_2$ 为中心。

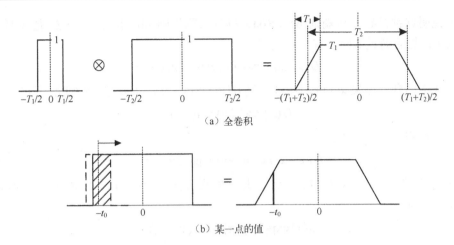

（a）全卷积

（b）某一点的值

图 2.7 两个 rect 函数的卷积

在很多情况下，会对 rect 或 sinc 函数等对称函数进行卷积，但如果有一个非对称函数时，要特别注意式（2.17）中一个 x' 的函数 $u(x-x')$，它不仅仅移动了 x（滑动参数），而且相对于 $u(x')$ 是反转的。在图 2.8（a）中，展示了一个非对称的三角脉冲和一个 rect 函数卷积的结果。在图 2.8（b）中，左边展示了用反转的三角脉冲作为滑动函数；由于卷积的可交换性，右边展示了同样可以使用 rect 函数作为滑动函数，当然，rect 函数是对称的，反转前后不会改变。

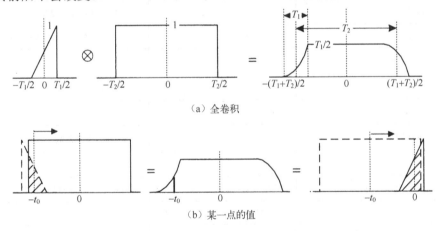

（a）全卷积

（b）某一点的值

图 2.8 rect 函数与一个非对称函数的卷积

2.3 规则和对

表 2.1 给出了傅里叶分析技术的核心——规则和对。规则通常适用于所有函数（表中的 u 和 v）和它们的变换（U 和 V）。这些对是特定的傅里叶变换对。所有这些结果都在附录 2B 中进行了证明或推导。

表中，标记为"b"的规则可以由标记为"a"的规则通过其他规则变化推导得到，但对于用户来讲，同时拥有 a 和 b 版本的规则在使用时更加方便。可以看到 a 和 b 版本的规则有很大的对称性，在某些情况下仅仅是符号不相同。

为了说明这种推导，从规则 6a（R6a）推导得到规则 6b（R6b）。令 U 是 x 的函数，其变换为 V，然后通过 R6a，有

$$U(x - x_0) \Leftrightarrow V(y) \exp(-2\pi i x_0 y)$$

规则 4 中提到，如果 $u(x) \Leftrightarrow U(y)$，则 $U(x) \Leftrightarrow u(-y)$，所以在这种情况下有

$$U(x) \Leftrightarrow V(y) = u(-y)$$

同样也可以得到

$$U(x - x_0) \Leftrightarrow u(-y) \exp(-2\pi i x_0 y) \tag{2.21}$$

现在再次使用规则 4（R4），反过来，如果 $Z(x) \Leftrightarrow z(-y)$，则 $z(x) \Leftrightarrow Z(y)$，因此式（2.21）变为

$$u(x) \exp(2\pi i y_0 x) \Leftrightarrow U(y - y_0)$$

将常数 x_0 重命名为 y_0，这就是规则 6b（R6b）。然而，在这种情况下，由式（2.2）傅里叶变换的定义可能更容易地得到结果，见附录 2B。

在表 2.2 中，不仅 P1b、P2b 和 P3b 可以由相应的 a 形式推导得到，而且 P7～P11 都可以用规则由其他对推导得到，这些对和规则随后都用 P 和 R 符号表示。虽然有些结果不是基本的，但因为它们经常出现，所以以为了方便起见，将它们列举在表中。

表 2.1　傅里叶变换规则

规则	函数	变换	备注
—	$u(x)$	$U(y)$	见式（2.1）、式（2.2）
R1	$au + bv$	$aU + bV$	a、b 是常数（一般 $a, b \in \mathbb{C}$）
R2	$u(-x)$	$U(-y)$	
R3	$u^*(x)$	$U^*(-y)$	*表示复共轭
R4	$U(x)$	$u(-y)$	
R5	$u(x/X)$	$\lvert X \rvert U(Xy)$	$X \in \mathbb{R}$，X 是常数
R6a	$u(x - x_0)$	$U(y) \exp(-2\pi i x_0 y)$	$x_0 \in \mathbb{R}$，x_0 是常数
R6b	$u(x) \exp(2\pi i x_0 y)$	$U(y - y_0)$	$y_0 \in \mathbb{R}$，y_0 是常数
R7a	uv	$U \otimes V$	式（2.17）
R7b	$u \otimes v$	UV	
R8a	$\mathrm{comb}_X u$	$\lvert Y \rvert \mathrm{rep}_Y u$	式（2.16）、式（2.15），$Y = 1/X$，常数
R8b	$\mathrm{rep}_X u$	$\lvert Y \rvert \mathrm{comb}_Y U$	
R9a	$u'(x)$	$2\pi i y U(y)$	' 表示导数
R9b	$-2\pi i x u(x)$	$U'(y)$	
R10a	$\displaystyle\int_{-\infty}^{x} u(\xi)\,\mathrm{d}\xi$	$\dfrac{U(0)\delta(y)}{2} + \dfrac{U(y)}{2\pi i y}$	
R10b	$\dfrac{u(0)\delta(x)}{2} - \dfrac{u(x)}{2\pi i x}$	$\displaystyle\int_{-\infty}^{y} U(\eta)\,\mathrm{d}\eta$	

规则 3（R3）中有重要的一点。对于实际的波形，有

$$u(t) = u(t)^*$$

因此，根据 R3，有

$$U(f) = U(-f)^* \tag{2.22}$$

或

$$U_R(f) + iU_I(f) = U_R(-f) - iU_I(f) \tag{2.23}$$

式中，U_R 和 U_I 是 U 的实部和虚部。

表 2.2 傅里叶变换对

对	函数	变换	备注
P1a	1	$\delta(y)$	式（2.7）
P1b	$\delta(x)$	1	
P2a	$h(x)$	$\dfrac{\delta(y)}{2} + \dfrac{1}{2\pi iy}$	式（2.13）
P2b	$\dfrac{\delta(x)}{2} - \dfrac{1}{2\pi ix}$	$h(y)$	
P2c	$\text{sgn}(x)$	$\dfrac{1}{\pi iy}$	
P3a	$\text{rect}(x)$	$\text{sinc}(y)$	式（2.4）、式（2.5）
P3b	$\text{sinc}(x)$	$\text{rect}(y)$	
P4	$\text{tri}(x)$	$\text{sinc}^2 y$	式（3.6）
P5	$\exp(-x)$	$\dfrac{1}{1 + 2\pi iy}$	（$x \geqslant 0$）拉普拉斯变换
P6	$\exp(-\pi x^2)$	$\exp(-\pi y^2)$	
P7a	$\delta(x - x_0)$	$\exp(-2\pi ix_0 y)$	P1b、R6a
P7b	$\exp(2\pi iy_0 x)$	$\delta(y - y_0)$	P1a、R6b
P8a	$\cos 2\pi y_0 x$	$(\delta(y - y_0) + \delta(y + y_0))/2$	P7b、R1a
P8b	$\sin 2\pi y_0 x$	$(\delta(y - y_0) + \delta(y + y_0))/(2i)$	P7b、R1a
P9a	$u(x)\cos 2\pi y_0 x$	$(U(y - y_0) + U(y + y_0))/2$	R6b
P9b	$u(x)\sin 2\pi y_0 x$	$(U(y - y_0) + U(y + y_0))/(2i)$	R6b
P10	$\exp(-ax)$	$1/(a + 2\pi iy)$	（$a > 0$，$x \geqslant 0$）P5、R5
P11	$\exp\left(\dfrac{-x^2}{2\sigma^2}\right)$	$\sigma\sqrt{2\pi}\exp(-2\pi^2\sigma^2 y^2)$	P6、R5
P12	$\text{comb}_X(1)$	$|Y|\text{comb}_Y(1)$	$1/X$
P13a	$\text{ramp}^r x$	$i^r \text{snc}_r y$	式（7.11）、式（7.17）
P13b	$\text{snc}_r x$	$i^r \text{ramp}^r y$	P13a、R4
a、x_0、y_0、X、Y、σ 均为实常数，且 $x, y \in \mathbb{R}$			

由式（2.22）可以看出，对于实际的波形，频谱的负频率部分只是正频率部分的复共轭，不包含额外信息。由式（2.23）可知，实函数频谱的实部总是频率的偶函数，虚部是频率的奇函数。（通常，简易波形的频谱要么是纯实数要么是纯虚数，例如表 2.2 中的 P7a 和 P7b。）因此，对于实际的波形，只需要考虑频谱的正频率部分，记住给定频率的功率是该部分功率的两倍，因为负频率部分的功率跟正频率部分的功率相等。（1.5 节对负频率作了简短的讨论和说明。）

2.4 四个示例

2.4.1 窄带波形

P9a 或 P9b 描述的是在载波上调制波形的情况（它们可以被认为是规则，也可以被认为是对）。虽然这些关系普遍适用，但考虑了经常遇到的窄带情况，其中调制或窗函数 u 波形具有与载波频率 f_0 相比较小的带宽。在这种情况下，可看到频谱由两个基本上不同的部分组成——频谱函数 U 分别以 f_0 和 $-f_0$ 为中心。同样，对于实际的波形，波形的负频率部分不包含额外信息，并且可以安全地忽略（在评估功率时除以 2）。但是，严格地说，以 $-f_0$ 为中心的函数 U 可能会有一个延伸到正频率区域的尾巴，特别是当波形不是足够窄带时，它可能会延伸到 f_0 附近的区域。在这种情况下，$U(f+f_0)$ 在正频率范围内的分量不能忽略。

图 2.9 显示了基带波形 $u(t)$ 的频谱 $U(f)$ 在调制（或在数学表达上为乘）载波时是如何以频率 $+f_0$ 和 $-f_0$ 为中心的。当用于载波 $2\cos(2\pi f_0 t)$ 时，从 P8a 中可看到，只是将 U 转移到了这些频率上。当用于 $2\sin(2\pi f_0 t)$ 时，从 P8b 中可得到，$-iU$ 以 f_0 为中心，iU 以 $-f_0$ 为中心。选择一个真实的基带波形 $u(t)$，如图 2.9 上部所示的实际的波形，其频谱显示为实部偶对称和虚部奇反对称。我们看到这个性质适用于实波形 $u(t)\cos(2\pi f_0 t)$ 和 $u(t)\sin(2\pi f_0 t)$ 的频谱。

2.4.2 帕塞瓦尔定理

另一个结果是帕塞瓦尔定理，很容易从规则中得出。等号左边使用傅里叶变换定义写出 R8a，等号右边进行卷积，使用式（2.1）和式（2.17），得到

$$\int_{-\infty}^{\infty} u(x)v(x)e^{2\pi i xy}dx = \int_{-\infty}^{\infty} U(\psi)V(y-\psi)d\psi \tag{2.24}$$

将 $y=0$ 代入该方程，用 y 替换积分变量 ψ，得到

$$\int_{-\infty}^{\infty} u(x)v(x)dx = \int_{-\infty}^{\infty} U(y)V(-y)dy \tag{2.25}$$

用 v^* 替换 v 并使用 R3 得到帕塞瓦尔定理：

$$\int_{-\infty}^{\infty} u(x)v(x)^* dx = \int_{-\infty}^{\infty} U(y)V(y)^* dy \tag{2.26}$$

当 $v=u$ 的特殊情况时，有

$$\int_{-\infty}^{\infty} |u(x)|^2 dx = \int_{-\infty}^{\infty} |U(y)|^2 dy \tag{2.27}$$

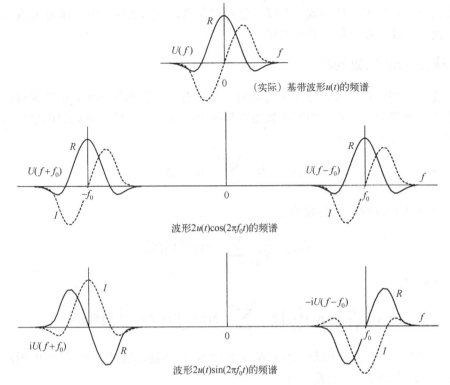

图 2.9　调制载波的频谱，（实际）窄带波形

这简单地说明，波形中的总能量等于其频谱中的总能量。对于一个实波形，有

$$\int_{-\infty}^{\infty} u(x)^2 \mathrm{d}x = 2\int_{0}^{\infty} |U(y)|^2 \mathrm{d}y \qquad (2.28)$$

用 $U(y) = U(-y)^*$ 表示实波形的频谱。

2.4.3　维纳-辛钦关系

维纳-辛钦关系表明波形的自相关函数是由其功率谱的（逆）傅里叶变换给出的。对于幅度谱为 U 的波形 u，功率谱为 $|U|^2$，从 R2 和 R3 看到 $U^*(f)$ 是 $u^*(-t)$ 的变换，因此可以得到

$$u(t) \otimes u^*(-t) \Leftrightarrow U(f) \times U^*(f) = |U(f)|^2 \qquad (2.29)$$

利用卷积的定义对上式进行展开，有

$$u(t) \otimes u^*(-t) = \int_{-\infty}^{\infty} u(t-t')u^*(-t')\mathrm{d}t' = \int_{-\infty}^{\infty} u(s)u^*(s-t)\mathrm{d}s = r(t) \qquad (2.30)$$

式中，$s = t - t'$；$r(t)$ 是时延为 t 的自相关函数。相关波形间的时延或时间偏移量一般用符号 τ 而不是用通常的时间变量 t 来表示。因此，由式（2.29）和式（2.30）可以得到

$$r(\tau) \Leftrightarrow |U(f)|^2 \qquad (2.31)$$

这就是简洁地得到的维纳-辛钦关系。

注意式（2.30）相关性和式（2.17）卷积的区别。式（2.30）中，滑窗函数不是时间反转的，而且（如果是复数）必须共轭。

2.4.4　移位 sinc 函数的和

本节使用规则和对技术推导两个有趣的结果。首先，找到等间距 δ 函数的有限序列的频谱表达式（或等价于一组规则间距复指数和的表达式）。令 N 个 δ 函数围绕时间原点间隔 T 分布，然后有一个波形 u：

$$u(t)=\frac{1}{N}\sum_{k=-(N-1)/2}^{(N-1)/2}\delta(t+kT) \tag{2.32}$$

因此，由 P1b 和 R6a 得，它的频谱是

$$U(f)=\frac{1}{N}\sum_{k=-(N-1)/2}^{(N-1)/2}\exp(2\pi \mathrm{i}kfT) \tag{2.33}$$

现在，取恒等式：

$$\mathrm{rect}\left(\frac{t}{NT}\right)=\mathrm{rect}\left(\frac{t}{T}\right)\otimes\sum_{k=-(N-1)/2}^{(N-1)/2}\delta(t+kT)=N\mathrm{rect}\left(\frac{t}{T}\right)\otimes u(t) \tag{2.34}$$

式中，长度 NT 的 rect 脉冲已被分成 N 个长度为 T 的连续脉冲，如图 2.10 所示。使用 R5、R7b、P3a 进行傅里叶变换，有

$$NT\,\mathrm{sinc}(NfT)=NT\,\mathrm{sinc}(fT)U(f)$$

因此

$$U(f)=\frac{\mathrm{sinc}(NfT)}{\mathrm{sinc}(fT)}=\frac{\sin(N\pi fT)}{N\sin(\pi fT)} \tag{2.35}$$

通过注意式（2.33）中的复指数集和 $\exp(2\pi \mathrm{i}fT)$ 项之间的比值形成有限几何级数，也可以毫不费力地获得这个简洁的结果。然而，下面的结果，用闭合形式表示移位 sinc 函数的无穷级数的和，用另一种方法将更难得到。

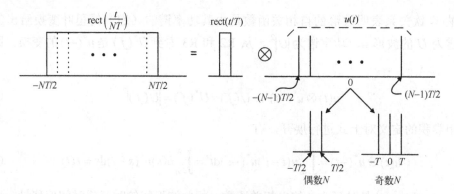

图 2.10　rect 函数的替代形式

对于奇数 N，也可把 u 写成式（2.32）的形式：

$$u(t)=\frac{1}{N}\mathrm{comb}_T\left(\mathrm{rect}\left(\frac{t}{NT}\right)\right) \tag{2.36}$$

其变换为

$$U(f)=\frac{1}{NT}\operatorname{rep}_F(NT\operatorname{sinc}(NfT))=\sum_{k=-\infty}^{\infty}\operatorname{sinc}(N(f-kF)T)$$

$$=\sum_{k=-\infty}^{\infty}\operatorname{sinc}(N(fT-k)) \tag{2.37}$$

式中，$F=1/T$。

如果画出 U 的表达式，可以发现式（2.37）给出一系列值为+1 的主瓣，而式（2.35）给出 N 为奇数时相同的序列，但 N 为偶数时，波瓣的符号交替。[为了在 F 的整数倍处计算式（2.35），需要洛必达法则，因为在这些点上分母为 0。k 为整数时，取微分，并用 $FT=1$ 得到。]N 为奇数[（$N-1$）和 $k(N-1)$ 为偶数]时，对于所有的 k，有 $U(kF)=1$，这也是式（2.37）给出的结果。然而，N 为偶数（$N-1$ 为奇数）时，$k(N-1)$ 的奇偶性将是 k 的奇偶性，所以有符号交替。

$$u(t)=\frac{1}{N}\delta\left(t+\frac{T}{2}\right)\otimes\operatorname{comb}_T\left(\operatorname{rect}\left(\frac{t-\dfrac{T}{2}}{NT}\right)\right) \tag{2.38}$$

使用 P1b、P3a、R5、R6a、R7b、R8a，其变换为

$$U(f)=\frac{F}{N}\mathrm{e}^{\pi ifT}\operatorname{rep}_F(NT\mathrm{e}^{-\pi ifT}\operatorname{sinc}(NfT))$$

$$=\mathrm{e}^{\pi ifT}\sum_{k=-\infty}^{\infty}\mathrm{e}^{-\pi i(f-kF)T}\operatorname{sinc}(N(f-kF)T)$$

$$=\sum_{k=-\infty}^{\infty}\mathrm{e}^{\pi ik}\operatorname{sinc}(N(f-kF)T) \qquad（N\text{ 为偶数}） \tag{2.39}$$

$$=\sum_{k=-\infty}^{\infty}(-1)^k\operatorname{sinc}(N(fT-k)T)$$

对所有的整数 N、k，由式（2.35）并结合式（2.37）和式（2.39），有

$$U(f)=\frac{\sin(N\pi fT)}{N\sin(\pi fT)}=\sum_{k=-\infty}^{\infty}(-1)^{(N-1)k}\operatorname{sinc}(N(fT-k)) \tag{2.40}$$

参 考 文 献

[1]　Woodward, P. M., *Probability and Information Theory, with Applications to Radar*, Nor- wood, MA: Artech House, 1980.

[2]　Lighthill, M. J., *Fourier Analysis and Generalised Functions*, Cambridge, UK: Cam- bridge University Press, 1960.

附录 2A：sinc 函数的性质

（1）$\operatorname{sinc} n=0$（n 为非 0 的整数）。

当 $n\neq 0$ 时，因为 $\sin(n\pi)=0$，所以有 $\operatorname{sinc} n=\dfrac{\sin(n\pi)}{n\pi}=0$。同样，$x$ 值比较小时，

$$\operatorname{sinc} x=\frac{\sin(\pi x)}{\pi x}=1-\frac{(\pi x)^2}{3!}+\cdots$$

当 $x \to \pm 0$ 时，$\operatorname{sinc} x \to 1$。

（2）$\displaystyle\int_{-\infty}^{\infty} \operatorname{sinc} x \mathrm{d}x = 1$。

可以写成

$$\int_{-\infty}^{\infty} \operatorname{sinc}(x)\mathrm{d}x = \int_{-\infty}^{\infty} \operatorname{sinc}(x)\mathrm{e}^{2\pi i x y}\mathrm{d}x\bigg|_{y=0} = \operatorname{rect} y\big|_{y=0} = 1$$

这里，将积分转化为逆傅里叶变换（尽管变换域中的变量值为 0），并使用了 P3。

（3）$\displaystyle\int_{-\infty}^{\infty} \operatorname{sinc}^2 x \mathrm{d}x = 1$

通过使用 R7 和 P3，有

$$\int_{-\infty}^{\infty} \operatorname{sinc}^2 x \mathrm{d}x = \int_{-\infty}^{\infty} \operatorname{sinc} x \times \operatorname{sinc} x\, \mathrm{e}^{2\pi i x y}\mathrm{d}x\bigg|_{y=0} = \operatorname{rect} y \otimes \operatorname{rect} y\big|_{y=0} = 1$$

$\operatorname{rect} y \otimes \operatorname{rect} y$ 是一个三角函数，当 $y = 0$ 时有最大值 1。（此卷积如第 3 章图 3.4 所示，在此例中 $A = 1$、$T = 1$。）

（4）$\displaystyle\int_{-\infty}^{\infty} \operatorname{sinc}(x-m)\operatorname{sinc}(x-n)\mathrm{d}x = \delta_{mn}$

如果 $m = n$，使用性质 3 的结论，积分为

$$\int_{-\infty}^{\infty} \operatorname{sinc}^2(x-n)\mathrm{d}x = \int_{-\infty}^{\infty} \operatorname{sinc}^2 x \mathrm{d}x = 1$$

如果 $m \neq n$，通过使用 R7a、R6a 和 P3b，有

$$\int_{-\infty}^{\infty} \operatorname{sinc}(x-m)\operatorname{sinc}(x-n)\mathrm{d}x = \int_{-\infty}^{\infty} \operatorname{sinc}(x-m)\operatorname{sinc}(x-n)\mathrm{e}^{2\pi i x y}\mathrm{d}x\bigg|_{y=0}$$
$$= \mathrm{e}^{-2\pi i m y}\operatorname{rect}(y) \otimes \mathrm{e}^{-2\pi i n y}\operatorname{rect}(y)\big|_{y=0}$$

通过使用 $\operatorname{rect}(-y') = \operatorname{rect}(y')$、$\operatorname{rect}^2(y') = \operatorname{rect}(y')$、P3a 和性质 1，对该卷积进行积分，有

$$\int_{-\infty}^{\infty} \mathrm{e}^{-2\pi i m y'}\operatorname{rect}(y')\mathrm{e}^{-2\pi i n(y-y')}\operatorname{rect}(y-y')\mathrm{d}y'\bigg|_{y=0}$$
$$= \int_{-\infty}^{\infty} \mathrm{e}^{2\pi i(n-m)y'}\operatorname{rect}(y')\operatorname{rect}(-y')\mathrm{d}y'$$
$$= \int_{-\infty}^{\infty} \mathrm{e}^{2\pi i(n-m)y'}\operatorname{rect}(y')\mathrm{d}y' = \operatorname{sinc}(n-m) = 0$$

（5）$\operatorname{sinc}(ax) \otimes \operatorname{sinc}(bx) = (1/a)\operatorname{sinc}(bx)$ 　　$(a, b \in \mathbb{R}, \ a \geqslant b > 0)$

我们给出两个证明，作为使用"无积分""规则和对"技术优点的进一步示例。第一个是通过傅里叶变换，使用这种方法，第二个需要轮廓积分。第一个非常简单和简洁，第二个则需要更多的努力。

① 使用傅里叶变换的证明。

通过 P3b、R5 和 R7b，可以给出 $\operatorname{sinc}(ax) \otimes \operatorname{sinc}(bx)$ 的傅里叶变换为

$$\operatorname{sinc}(ax) \otimes \operatorname{sinc}(bx) \Rightarrow \frac{1}{ab}\operatorname{rect}(y/a)\operatorname{rect}(y/b)$$

如图 2A.1 所示，以 0 为中心且不同宽度的 rect 函数的乘积等于宽度较窄的 rect 函数。此例中，$a \geqslant b$，有

$$\frac{1}{ab}\operatorname{rect}(y/a)\operatorname{rect}(y/b) = \frac{1}{ab}\operatorname{rect}(y/b)$$

再次使用 P3b 和 R5，进行逆傅里叶变换，有

$$\frac{1}{a}\text{sinc}(bx) \Longleftarrow \frac{1}{ab}\text{rect}(y/b)$$

② 使用轮廓积分的证明。

写出卷积，将 sin 函数用指数形式表示，有

$$\text{sinc}(ax) \otimes \text{sinc}(bx) = \int_{-\infty}^{\infty} \frac{\sin(\pi a(x-x'))}{\pi a(x-x')} \cdot \frac{\sin(\pi bx')}{\pi bx'} dx' = \cdots = \frac{1}{(2\pi i)^2 ab}(I^* + I)$$

其中

$$I = e^{-i\pi ax} \int_{-\infty}^{\infty} \frac{e^{i\pi(a-b)x'} - e^{i\pi(a+b)x'}}{x'(x-x')} dx'$$

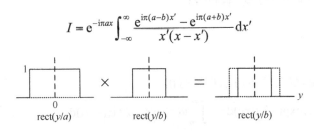

图 2A.1   rect 函数的乘积

考虑 $\dfrac{e^{ikz}}{z(u-z)} = \dfrac{e^{k(ix-y)}}{z(u-z)}$ 在如图 2A.2 所示的环绕矩形轮廓 C 上的积分 K。在垂直边上，有 $x = \pm\infty$，$y \geq 0$，因此，当 e^{ix} 有界时，分母占主导地位，对于所有的 y 值，被积函数为 0。在顶部的边上，$y = \infty$，所以对于所有的 x 值（$k \geq 0$），被积函数仍为 0。被积函数唯一不为 0 的边是沿实数轴方向，其中 $y = 0$ 和 $z = x$，因此，

$$K = \int_C \frac{e^{ikz}}{z(u-z)} dz = \int_{-\infty}^{\infty} \frac{e^{ikx}}{x(u-x)} dx = \int_{-\infty}^{\infty} \frac{-e^{ikx}}{x(x-u)} dx \quad (k > 0)$$

图 2A.2   sinc 卷积的积分轮廓

使用轮廓积分的结果，有

$$\int_C f(z)dz = 2\pi i \text{（轮廓 C 内的余数）} + \pi i \text{（轮廓 C 上的余数）}$$

式中，$f(z)$ 有简单的奇点。例如，如果将 $f(z)$ 置于 $f(z) = g(z)/(z-p)$ 的形式中，则 p 处奇点的余数是 $g(p)$。此例中，奇点在轮廓上的 0 和 u 处，所以通过这个结果，有

$$K = \pi i \left(\frac{1}{u} - \frac{e^{iku}}{u} \right)$$

在 I 中使用这个结果[用 x' 表示 x，x 表示 u，$\pi(a-b)$ 或 $\pi(a+b)$ 表示 k]，得到

$$I = \frac{\pi i e^{-i\pi ax}}{x}(1 - e^{\pi i(a-b)x} - 1 + e^{\pi i(a+b)x}) = \frac{\pi i(e^{i\pi bx} - e^{-i\pi bx})}{x}$$

$$= \frac{2\pi i^2 \sin(\pi bx)}{x} = I^*$$

并且将其代入上述 sinc 卷积，有

$$\text{sinc}(ax) \otimes \text{sinc}(bx) = \frac{1}{(2\pi i)^2 ab} \left(\frac{4\pi i^2 \sin(\pi bx)}{x} \right) = \frac{\sin(\pi bx)}{ab\pi x} = \frac{1}{a} \text{sinc}(bx)$$

当要求在轮廓积分中 k 非负时，使用条件 $a \geqslant b$。这要求被积函数在轮廓 $y = \infty$ 部分的积分为 0。

附录 2B：规则和对的简单推导

2B.1　规则

- R1：由积分的线性性质可以推导得出。

- R2：$\displaystyle\int_{-\infty}^{\infty} u(-x) \exp(-2\pi i x y) dx = \int_{-\infty}^{\infty} u(z) \exp(-2\pi i z(-y)) dz$

$$= U(-y) \qquad (z = x)$$

- R3：$\displaystyle\int_{-\infty}^{\infty} u^*(x) \exp(-2\pi i x y) dx = \left(\int_{-\infty}^{\infty} u(x) \exp(2\pi i x(y)) dz \right)^*$

$$= \left(\int_{-\infty}^{\infty} u(x) \exp(-2\pi i x(-y)) dz \right)^* = U^*(-y)$$

- R4：$\displaystyle\int_{-\infty}^{\infty} U(x) \exp(-2\pi i x y) dx = \int_{-\infty}^{\infty} U(x) \exp(2\pi i x(-y)) dx$

$$= u(-y)$$

使用逆傅里叶变换，如式（2.1）所示。

- R5a：$X > 0, z = x/X = x/|X|$

$$\int_{-\infty}^{\infty} u(x/X) \exp(-2\pi i x y) dx = X \int_{-\infty}^{\infty} u(z) \exp(-2\pi i z X y) dz$$

$$= XU(Xy) = |X| U(Xy)$$

- R5b：$X < 0, z = x/X = -x/|X|$

$$\int_{-\infty}^{\infty} u(x/X) \exp(-2\pi i x y) dx = -|X| \int_{\infty}^{-\infty} u(z) \exp(2\pi i z |X| y) dz$$

$$= |X| \int_{-\infty}^{\infty} u(z) \exp(-2\pi i z(-|X| y)) dz = |X| U(-|X| y) = |X| U(Xy)$$

- R6a：$\displaystyle\int_{-\infty}^{\infty} u(x - x_0) \exp(-2\pi i x y) dx = \int_{-\infty}^{\infty} u(z) \exp(-2\pi i (z + x_0) y) dz$

$$= U(y) \exp(-2\pi i x_0 y) \qquad (z = x - x_0)$$

- R6b：$\displaystyle\int_{-\infty}^{\infty} u(x) \exp(2\pi i x y_0) \exp(-2\pi i x y) dx$

$$= \int_{-\infty}^{\infty} u(x) \exp(-2\pi i x(y - y_0)) dx$$

$$= U(y - y_0)$$

- R7a：$\displaystyle\int_{-\infty}^{\infty} u(x)v(x)\exp(-2\pi ixy)\mathrm{d}x$

$$= \int_{-\infty}^{\infty}\int_{-\infty}^{\infty} U(z)\exp(2\pi ixz)v(x)\exp(-2\pi ixy)\mathrm{d}x\mathrm{d}z$$

$$= \int_{-\infty}^{\infty}\int_{-\infty}^{\infty} U(z)v(x)\exp(-2\pi ix(y-z))\mathrm{d}x\mathrm{d}z$$

$$= \int_{-\infty}^{\infty} U(z)V(y-z)\mathrm{d}z = U(y)\otimes V(y)$$

- R7b：令 $x-z=t$，$u(x)\otimes v(x)$ 的傅里叶变换为

$$\int_{-\infty}^{\infty}\int_{-\infty}^{\infty} u(z)v(x-z)\exp(-2\pi ixy)\mathrm{d}x\mathrm{d}z$$

$$= \int_{-\infty}^{\infty}\int_{-\infty}^{\infty} u(z)v(t)\exp(-2\pi i(z+t)y)\mathrm{d}t\mathrm{d}z$$

$$= \int_{-\infty}^{\infty}\int_{-\infty}^{\infty} u(z)\exp(-2\pi izy)v(t)\exp(-2\pi ity)\mathrm{d}t\mathrm{d}z$$

$$= U(y)\int_{-\infty}^{\infty} v(t)\exp(-2\pi ity)\mathrm{d}t$$

$$= U(y)V(y)$$

- R8a：令 $v(x)=\mathrm{comb}_X u(x)=\displaystyle\sum_{n=-\infty}^{\infty} u(nX)\delta(x-nX)$，则通过 P1b 和 R6a，其傅里叶变换为

$$V(y)=\sum_{n=-\infty}^{\infty} u(nX)\exp(-2\pi inXy)$$

这是傅里叶级数的形式，周期 $1/X=Y$，系数由 V（与一个复指数加权）在一个周期内的积分得到

$$u(nX)=\frac{1}{Y}\int_0^Y V(y)\exp(2\pi iny/Y)\mathrm{d}y$$

并且，将积分区间划分为长度为 Y 的单位长度，通过傅里叶变换，有

$$u(nX)=\int_{-\infty}^{\infty} U(z)\exp(2\pi inXz)\mathrm{d}z = \sum_{m=-\infty}^{\infty}\int_{mY}^{(m+1)Y} U(z)\exp(2\pi inz/Y)\mathrm{d}z$$

对于 m 的每一个值，令 $y=z-mY$，

$$u(nX)=\int_0^Y \sum_{m=-\infty}^{\infty} U(y+mY)\exp(2\pi in(y+mY)/Y)\mathrm{d}y$$

$$= \int_0^Y \sum_{m=-\infty}^{\infty} U(y+mY)\exp(2\pi iny/Y)\mathrm{d}y$$

对比 $u(nX)$ 的两个表达式，可以看到

$$V(y)=Y\sum_{m=-\infty}^{\infty} U(y-mY)=Y\mathrm{rep}_Y U(y)$$

这符合 Woodward 的观点[1]，遵循他的规则和对的列表，comb 和 rep 函数之间的转换关系"可以通过使用傅里叶级数表示法来证明。"备注：规则中实际上使用的是 $|Y|$ 不是 Y；但是，从定义可以看出，$\mathrm{rep}_{-X}u=\mathrm{rep}_X u$，$\mathrm{comb}_{-X}u=\mathrm{comb}_X u$，所以 $|Y|$ 可以代替 Y。

- R8b：令 $v(x) = \text{rep}_X u(x) = \sum\limits_{n=-\infty}^{\infty} u(x-nX)$ 是周期函数，周期为 X，因此，可以使 v 为
  一个傅里叶级数：

$$v(x) = \sum_{n=-\infty}^{\infty} a_m \exp(2\pi i n x / X)$$

系数表示为

$$a_n = \int_0^X v(x) \exp(-2\pi i n x / X) \mathrm{d}x$$

用 rep 形式代替 v，系数可以表示为

$$a_n = \frac{1}{X} \int_0^X \sum_{m=-\infty}^{\infty} u(x - mX) \exp(-2\pi i n x / X) \mathrm{d}x$$

并且令 $z = x + mX$，由于 $\exp(2\pi i n m) = 1$，有

$$a_n = \frac{1}{X} \sum_{m=-\infty}^{\infty} \int_{mX}^{(m+1)X} u(z) \exp(-2\pi i n (z - mX)/X) \mathrm{d}z$$

$$= \frac{1}{X} \sum_{m=-\infty}^{\infty} \int_{mX}^{(m+1)X} u(z) \exp(-2\pi i n z / X) \mathrm{d}z$$

可以给出

$$a_n = \frac{1}{X} \int_{-\infty}^{\infty} u(z) \exp(-2\pi i n z / X) \mathrm{d}z = \frac{1}{X} U(n/X)$$

进而，用 v 代替 a_n，

$$v(x) = \frac{1}{X} \sum_{m=-\infty}^{\infty} U(n/X) \exp(2\pi i n x / X)$$

进行傅里叶变换，有

$$V(y) = \frac{1}{X} \sum_{m=-\infty}^{\infty} U(n/X) \delta(y - n/X) = \frac{1}{X} \text{comb}_{1/X} U(y)$$

$$= Y \text{comb}_Y U(y)$$

（通过 comb 函数的定义）其中，$Y = 1/X$。

- R9a：$u(x) = \int_{-\infty}^{\infty} U(y) \exp(2\pi i x y) \mathrm{d}y$

$$u'(x) = \int_{-\infty}^{\infty} 2\pi i y U(y) \exp(2\pi i x y) \mathrm{d}y$$

因此 $u'(x)$ 是 $2\pi i y U(y)$ 的逆傅里叶变换，其中 u' 是 u 的导数。

- R9b：$U(y) = \int_{-\infty}^{\infty} u(x) \exp(-2\pi i x y) \mathrm{d}x$

$$U'(y) = \int_{-\infty}^{\infty} -2\pi i x u(x) \exp(-2\pi i x y) \mathrm{d}x$$

因此 $U'(y)$ 是 $-2\pi i x u(x)$ 的傅里叶变换，其中 U' 是 U 的导数。

- R10a：$\int_{-\infty}^{x} u(\xi) \mathrm{d}\xi = \int_{-\infty}^{\infty} u(\xi) h(x - \xi) \mathrm{d}\xi = u(x) \otimes h(x)$

使用 R7b 和 P2a，进行傅里叶变换，给出

$$\int_{-\infty}^{x} u(\xi)\mathrm{d}\xi \rightarrow U(y)\left(\frac{\delta(y)}{2}+\frac{1}{2\pi\mathrm{i}y}\right)=\frac{U(0)\delta(y)}{2}+\frac{U(y)}{2\pi\mathrm{i}y}$$

式中，也用到式（2.9）。

● R10b：$\displaystyle\int_{-\infty}^{y}U(\eta)\mathrm{d}\eta=\int_{-\infty}^{\infty}U(\eta)h(y-\eta)\mathrm{d}\eta=U(y)\otimes h(y)$

进行逆傅里叶变换，给出

$$u(x)\left(\frac{\delta(x)}{2}-\frac{1}{2\pi\mathrm{i}x}\right)\Leftarrow\int_{-\infty}^{y}U(\eta)\mathrm{d}\eta$$

式中，也用到 R7a 和 P2b。

2B.2 对

● P1a：1.4 节给出使用 P6 和 R5 的推导过程。

● P1b：由 P1a、R4 和使用 $\delta(-y)=\delta(y)$ 可得。

● P2a 和 P2c：定义符号函数为

$$\mathrm{sgn}(x)=\begin{cases}1 & x>0 \\ -1 & x<0\end{cases}\quad(x\in\mathbb{R})$$

[和 $\mathrm{sgn}(0)=0$]，单元阶跃函数 h 可以写成

$$2h(x)=1+\mathrm{sgn}(x)$$

我们现在需要 sgn 的傅里叶变换，其可以通过将符号函数表示为反对称衰减指数函数的极限，$x<0$ 时的形式为 $-\exp(\lambda x)$，$x>0$ 时的形式为 $\exp(-\lambda x)$，（并且 $\lambda>0$）：

$$\lim_{\lambda\to 0}\left(\int_{-\infty}^{0}-\exp(\lambda x)\exp(-2\pi\mathrm{i}xy)\mathrm{d}x+\int_{0}^{\infty}\exp(-\lambda x)\exp(-2\pi\mathrm{i}xy)\mathrm{d}x\right)$$

$$=\lim_{\lambda\to 0}\left(-\left.\frac{\exp(\lambda x-2\pi\mathrm{i}xy)}{\lambda-2\pi\mathrm{i}y}\right|_{-\infty}^{0}-\left.\frac{\exp(-\lambda x-2\pi\mathrm{i}xy)}{\lambda+2\pi\mathrm{i}y}\right|_{0}^{\infty}\right)$$

$$=\lim_{\lambda\to 0}\left(-\frac{1}{\lambda-2\pi\mathrm{i}y}-\frac{-1}{\lambda+2\pi\mathrm{i}y}\right)=\lim_{\lambda\to 0}\left(\frac{-4\pi\mathrm{i}y}{\lambda^2-4\pi^2\mathrm{i}^2 y^2}\right)$$

$$=\frac{1}{\pi\mathrm{i}y}$$

通过这个结果，使用 P1a，现在 $h(x)$ 的傅里叶变换可以写成

$$h(x)\Rightarrow\frac{1}{2}\left(\delta(y)+\frac{1}{\pi\mathrm{i}y}\right)$$

● P2b：由 P2a 和 R4 可得，$\frac{1}{2}\left(\delta(x)+\frac{1}{\pi\mathrm{i}x}\right)$ 的傅里叶变换为 $h(-y)$；然后，使用 R2 和 $\delta(-x)=\delta(x)$。

● P3a：$\displaystyle\int_{-\infty}^{\infty}\mathrm{rect}(x)\exp(-2\pi\mathrm{i}xy)\mathrm{d}x=\int_{-1/2}^{1/2}\exp(-2\pi\mathrm{i}xy)\mathrm{d}x$

$$=\left.\frac{\exp(-2\pi\mathrm{i}xy)}{-2\pi\mathrm{i}y}\right|_{-1/2}^{1/2}=\frac{\exp(-\pi\mathrm{i}y)-\exp(\pi\mathrm{i}y)}{-2\pi\mathrm{i}y}$$

$$=\frac{-2\mathrm{i}\sin(\pi y)}{-2\pi\mathrm{i}y}=\mathrm{sinc}(y)$$

- P3b：由 P3a、R4 和使用 $\text{rect}(-y) = \text{rect}(y)$ 可得。
- P4：使用 P3a 和 R7b，见式（3.7）和式（3.8）。
- P5：$\exp(-x)h(x)$[或当 $x \geqslant 0$ 时，$\exp(-x)$]的变换是

$$\int_0^\infty \exp(-x)\exp(-2\pi ixy)\mathrm{d}x = -\frac{\exp(-(1+2\pi iy)x)}{1+2\pi iy}\bigg|_0^\infty = +\frac{1}{1+2\pi iy}$$

- P6：$\int_{-\infty}^{\infty} \exp(-\pi x^2)\exp(-2\pi ixy)\mathrm{d}x = \int_{-\infty}^{\infty}\exp(-\pi(x+iy)^2 - \pi y^2)\mathrm{d}x$

$$= \exp(-\pi y^2)\int_{-\infty+iy}^{\infty+iy}\exp(-\pi z^2)\mathrm{d}z$$

式中，$z=x+iy$。对图 2B.1 所示的轮廓进行轮廓积分；因为积分路径没有极点，所以它的积分为零。由于 $z = \pm\infty + i\eta(0 \leqslant \eta \leqslant y)$ 的贡献为 0，即

$$\int_{-\infty+iy}^{\infty+iy}\exp(-\pi z^2)\mathrm{d}z + \int_{-\infty}^{\infty}\exp(-\pi z^2)\mathrm{d}z = 0$$

所以所求积分等于实数积分 $\int_{-\infty}^{\infty}\exp(-\pi x^2)\mathrm{d}x$，其值为 1。

- P7～P11：如上文所示，这些都可以使用之前的规则和对推导得到。
- P12：根据定义[见式（2.15）和（2.16）]，可以将一个常数的 comb 函数表示为 rep 函数：

$$\text{comb}_X(1) = \sum_{n=-\infty}^{\infty}\delta(x-nX) = \text{rep}_X\delta(x)$$

然后，通过 P1b 和 R8b，得到其傅里叶变换为$|Y|\text{comb}_Y(1)$，其中 $Y = 1/X$。

Lighthill 中采用了更严格的方法[2]，特别是对 δ 函数的变换、P1b、用于获取 P2a 的符号函数的变换以及 comb 和 rep 变换的推导。

- P13a：见 7.3 节。
- P13b：通过 P13a 和 R4，有

$$i^r\text{snc}_r\,x \Leftrightarrow \text{ramp}^r(-y) = (-1)^r\text{ramp}^r y$$

乘以$(-i)^r$，有

$$\text{snc}_r\,x \Leftrightarrow i^r\text{ramp}^r y$$

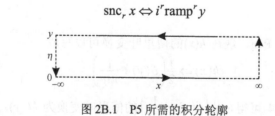

图 2B.1 P5 所需的积分轮廓

第3章 脉 冲 谱

3.1 引言

本章讲解脉冲和脉冲串的频谱。雷达、声呐、无线电和电话通信中使用的信号通常是某些非常简单的基本波形或其变化的组合。例如，矩形脉冲几乎是雷达波形普遍存在的一个特征，虽然完美的脉冲是一种数学上的理想化，但它在实践中经常被很好地实现，并且在某些情况下，这种近似性足以非常简单地对基于理想化的分析给出非常有用的结果。

研究脉冲或脉冲串频谱的一个原因是可以研究脉冲传输在分配的频带之外产生的干扰。在这方面，尖角矩形脉冲特别差，在距离雷达工作频率几倍于雷达带宽的频率上有相当大的干扰。通过以各种方式减少尖锐的垂直边沿，可以大大降低干扰的程度。如后续3.2 节所示，给边沿一个恒定的有限斜率，使脉冲变成梯形，可以很大地改善干扰的情况。三角脉冲（见 3.3 节）是梯形的极限情况，平顶减小到零。3.4 节和 3.5 节考虑了非对称梯形和三角脉冲（具有不同幅度斜率的边）。虽然这种脉冲的实际应用并不明显，但这是使用规则和对方法的一个有趣的练习，表明一旦找到合适的方法，该方法就能很容易、简洁地给出频谱的解。另一种比矩形脉冲更平滑的脉冲形式是升余弦，这表明它相当大地改善了频谱的副瓣（见 3.6 节）。梯形脉冲仍然有尖角，使尖角弧形化是 3.7 节和 3.8 节的主题。最后，在 3.9～3.11 节中研究可能在雷达中使用的脉冲串的频谱。

3.2 对称梯形脉冲

在许多情况下，具有零上升和下降时间的矩形脉冲可能是一个合理的近似，但对于窄脉冲，上升和下降时间与脉冲宽度相比不可忽略，需要考虑在内。本书所用的方法特别容易分析对称梯形脉冲。第 2 章（见图 2.7）讲过半峰值点之间的宽度为 T、上升和下降时间为 τ 的脉冲可以表示为 rect 函数的卷积（见图 3.1）：

$$u(t) = (1/\tau)\text{rect}(t/\tau) \otimes A\text{rect}(t/T) \tag{3.1}$$

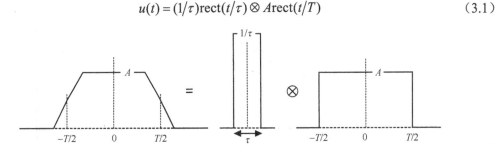

图 3.1 对称梯形脉冲

尽管我们通常对加权因子，而不是对波形和频谱的形状和相对水平感兴趣，但加权因

子 $1/\tau$ 使峰值高度保持不变，因为窄脉冲现在的面积为单位 1。上升沿和下降沿的时间为 τ，半峰值点间的脉冲宽度为 T。由 R7b、P3a 和 R5 得，其频谱为

$$U(f) = AT\,\text{sinc}(f\tau)\,\text{sinc}(fT) \tag{3.2}$$

因此，其频谱是脉宽为 T 的脉冲乘以更宽的 $\text{sinc}(f\tau)$ 函数，即较短脉冲的变换。如图 3.2 所示，这将略微缩小频谱主瓣的宽度，并降低副瓣幅值，其中 $\tau = 0.4T$。该结果的应用将（近似地）回答相对于半峰值宽度而言，上升时间将使频谱的第一副瓣最小化的问题。我们注意到函数 $\text{sinc}fT$ 的第一零点在 $\pm 1/T$ 和 $\pm 2/T$ 处，第一副瓣峰值在 $\pm\dfrac{3}{2T}$ 左右。很明显，如果我们能够使 $\text{sinc}(f\tau)$ 函数的第一零点出现在这些点上，我们将非常接近于最小化第一副瓣。因此，令

$$\frac{1}{\tau} = \frac{3}{2T} \ \text{或}\ \tau = \frac{2T}{3} \tag{3.3}$$

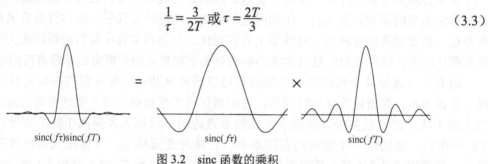

图 3.2　sinc 函数的乘积

当然，这不是精确优化的解，但是这个近似结果接近于最优解，并且很容易用这些方法求解。事实上，在这种情况下，频谱副瓣的幅值要比主瓣的幅值低 28.8dB，而矩形脉冲只有 13.3dB。如果选择 $\tau = 0.6992T$，对应于将宽 sinc 函数的第一零点更精确地放置在窄 sinc 函数的第一个峰的位置（在 $\pm 1.4303/T$），那么可以将副瓣分辨力稍微提高到 30.7dB。该频谱如图 3.3 所示，矩形脉冲的频谱用点线表示，以用作比较（频率轴单位为 $1/T$）。

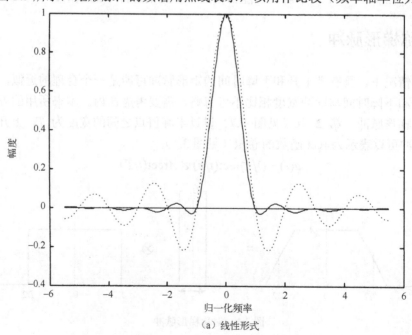

（a）线性形式

图 3.3　低副瓣梯形脉冲的频谱

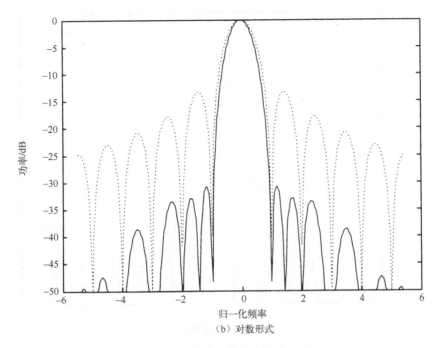

（b）对数形式

图 3.3　低副瓣梯形脉冲的频谱（续）

3.3　对称三角脉冲

在实际中，这种形状的脉冲可能是在解调扩频波形的过程中对相同宽度的矩形脉冲进行卷积而产生的（见图 3.4）。它是梯形脉冲的极限形式，由下式给出（$\tau = T$）。

$$u(t) = (1/\tau)\,\text{rect}(t/T) \otimes A\text{rect}(t/T) \tag{3.4}$$

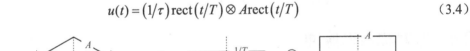

图 3.4　对称三角脉冲

通过式（3.2），其频谱为

$$U(f) = AT\text{sinc}^2(fT) \tag{3.5}$$

这是幅度谱。功率谱是一个 sinc^4 函数，在图 3.5 中以对数形式显示，用于比较的 rect 脉冲频谱用点线表示。该频谱在 $\pm 0.32/T$ 处有 3dB 点，在 $\pm\dfrac{1}{2T}$ 处的值比峰值低将近 8dB，最大副瓣比峰值低 26.5dB。

在经常使用三角脉冲的情况下，为了方便使用，定义一个三角函数 tri：

$$\text{tri}(x) = \begin{cases} 1+x & -1 < x \leqslant 0 \\ 1-x & 0 \leqslant x < 1 \\ 0 & \text{其他} \end{cases} \tag{3.6}$$

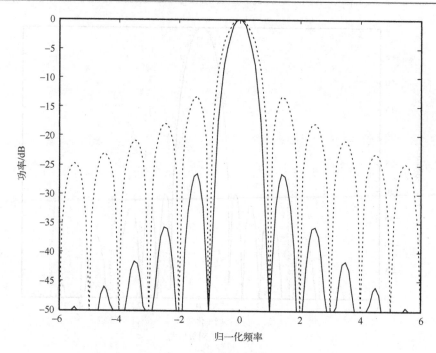

图 3.5　三角脉冲的频谱

然后，有

$$\text{tri}(x) = \text{rect}(x) \otimes \text{rect}(x) \tag{3.7}$$

变换对

$$\text{tri}(x) \Leftrightarrow \text{sinc}^2(x) \tag{3.8}$$

注意到，$\text{tri}(x/X)$ 从 $-X$ 延伸到 X，半幅度宽度为 X。

3.4　非对称梯形脉冲

阶跃函数和脉宽为 τ 的脉冲卷积可以得到持续时间为 τ 的线性上升沿（见图3.6）。

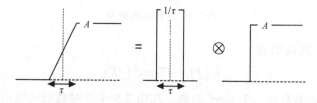

图 3.6　宽度为 τ 的上升沿

如果上升沿的高度要与阶跃函数的高度保持一致，那么卷积的脉冲高度必须为 $1/\tau$。根据这些结果，我们可以通过两个改进的阶跃函数的差值来定义单位高度的非对称脉冲，该脉冲以（它的半幅度点）原点为中心，宽度为 T，上升时间和下降时间分别为 τ_1 和 τ_2（见图3.7）。它们有所需持续时间的上升沿，并且以 $-T/2$ 和 $T/2$ 为中心。其波形表达式为

$$u(t) = \frac{1}{\tau_1} \text{rect}\left(\frac{t}{\tau_1}\right) \otimes h\left(t + \frac{T}{2}\right) - \frac{1}{\tau_2} \text{rect}\left(\frac{t}{\tau_2}\right) \otimes h\left(t - \frac{T}{2}\right) \tag{3.9}$$

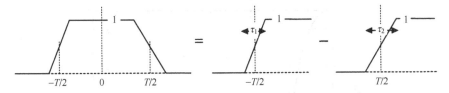

图 3.7 非对称梯形脉冲

为了得到该波形的傅里叶变换，除使用现在比较熟悉的 P3a 和 R5 之外，还用到了 P2a 和 R6a，得到变换为

$$U(f) = \text{sinc}(f\tau_1)\left[\frac{\delta(f)}{2} + \frac{1}{2\pi if}\right]e^{\pi ifT}$$
$$- \text{sinc}(f\tau_2)\left[\frac{\delta(f)}{2} + \frac{1}{2\pi if}\right]e^{-\pi ifT} \tag{3.10}$$

由于 δ 函数在 0 之外的点处的值均为零，所以可同式（2.9）一样，使 $\text{sinc}(f\tau_1)\delta(f)e^{\pi ift} = \text{sinc}(0)\delta(f)e^0 = \delta(f)$，并对 $\text{sinc}(f\tau_2)\delta(f)$ 做同样的处理，这样做可以消掉 δ 函数，得到

$$U(f) = \frac{\text{sinc}(f\tau_1)e^{\pi ifT} - \text{sinc}(f\tau_2)e^{-\pi ifT}}{2\pi if} \tag{3.11}$$

我们注意到，令表达式中的 $\tau_1 = \tau_2 = \tau$，可以得到单位高度对称脉冲的频谱，为

$$U(f) = \frac{\text{sinc}(f\tau)(e^{\pi ifT} - e^{-\pi ifT})}{2\pi if} = \frac{\text{sinc}(f\tau)\sin(\pi fT)}{\pi f} = T\text{sinc}(f\tau)\text{sinc}(fT)$$

这是式（3.2）给出的结果（此例中 $A=1$）。式（3.11）是该非对称函数频谱的一个简洁紧凑的表达式，很容易用这些方法求得。

图 3.8 给出了两个非对称脉冲频谱的例子。如 2.3 节最后所述，由于实波形的功率谱是关于零频率对称的，因此图 3.8 中只给出了正频率一侧。频率刻度以 $1/T$ 为单位，其中 T 为半幅度脉冲宽度。为了比较，对称脉冲的频谱用点线表示，其上升和下降时间的值等于非对称脉冲上升和下降时间的平均值。在图 3.8（b）所示的第二个例子中，平均宽度为 $0.7T$。这非常接近 3.2 节中的值，该节将零点放置在矩形脉冲第一副瓣的峰值处，结果如图 3.3（b）所示。可以看到，在图 3.8（b）中，非对称性使低的第一副瓣升高了约 4dB，并且在图 3.8（a）边沿较尖、副瓣较高的情况下，在图中相当远的地方才看不到非对称的影响。

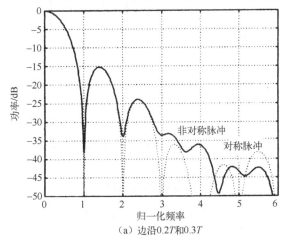

（a）边沿 $0.2T$ 和 $0.3T$

图 3.8 非对称梯形脉冲的频谱

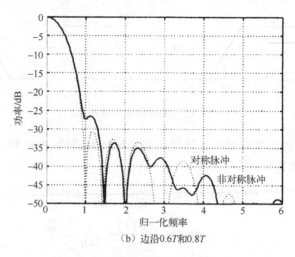

（b）边沿0.67和0.8T

图 3.8　非对称梯形脉冲的频谱（续）

3.5　非对称三角脉冲

可以将非对称三角脉冲视为梯形脉冲的极限情况。注意到梯形脉冲的上底（见图 3.7）的长度为 $T-(\tau_1+\tau_2)/2$，如果设置 $T=(\tau_1+\tau_2)/2$，则上底宽度为 0，得到一个三角脉冲，其上升沿长度为 τ_1，下降沿长度为 τ_2[见图 3.9（a）]。

其频谱由式（3.11）给出，半幅度宽度 T 由 $(\tau_1+\tau_2)/2$ 代替。然而，该脉冲的时间原点位于半幅度点和峰值点 $\Delta\cdot=(\tau_1-\tau_2)/4$ 之间的中点，而且原点最好位于脉冲峰值位置。因此，如果 $u(t)$ 是图 3.9（a）中的脉冲，则 $v(t)=u(t+\Delta\tau)$ 是所需的脉冲，如图 3.9（b）所示，峰值位于 0 点。通过 R6a，该时间偏移将频谱乘以 $2\pi\mathrm{i}f\Delta\tau$。将此应用于式（3.11），并代入 T 和 $\Delta\tau$，给出

$$V(f)=\frac{\mathrm{sinc}(f\tau_1)\mathrm{e}^{\pi\mathrm{i}f\tau_1}-\mathrm{sinc}(f\tau_2)\mathrm{e}^{-\pi\mathrm{i}f\tau_2}}{2\pi\mathrm{i}f} \tag{3.12}$$

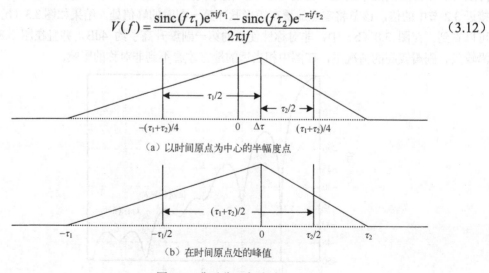

（a）以时间原点为中心的半幅度点

（b）在时间原点处的峰值

图 3.9　非对称三角脉冲

作为峰值在 $t=0$ 处的三角脉冲的频谱。或者，通过将边沿居中于 $-\tau_1/2$ 和 $\tau_2/2$，而不是 $\pm T/2$，并通过在这些点处放置图 3.7 阶跃函数的阶梯。进而式（3.9）被取代为

$$v(t)=\frac{1}{\tau_1}\mathrm{rect}\left(\frac{t}{\tau_1}\right)\otimes h\left(t+\frac{\tau_1}{2}\right)-\frac{1}{\tau_2}\mathrm{rect}\left(\frac{t}{\tau_2}\right)\otimes h\left(t-\frac{\tau_2}{2}\right) \tag{3.13}$$

并且此式可推导出式（3.12），和式（3.9）推导出式（3.11）的方式一样。

我们注意到，由于半幅度点的脉冲宽度为 $T=(\tau_1+\tau_2)/2$，因此相对于 T 的上升和下降时间为 $2\tau_1/(\tau_1+\tau_2)$ 和 $2\tau_2/(\tau_1+\tau_2)$，总和为 2。与梯形脉冲不同，此脉冲只需一个参数来定义形状；我们可以选择 T_1，相对于上升时间，在此情况下，相对下降时间为 $T_2=2-T_1$，或者两个边沿时间的比值 $r=\tau_1/\tau_2$，在此情况下，$T_1=2r/(r+1)$ 和 $T_2=2/(r+1)$。

图 3.10 给出非对称三角脉冲的频谱示例。归一化频率再次为 $1/T$，其中 T 现在为 $(\tau_1+\tau_2)/2$。比值 r 为 2/3，相对于 0.8 和 1.2 的半幅度宽度给出上升和下降时间。为了比较，$r=1$ 的对称脉冲用点线表示。

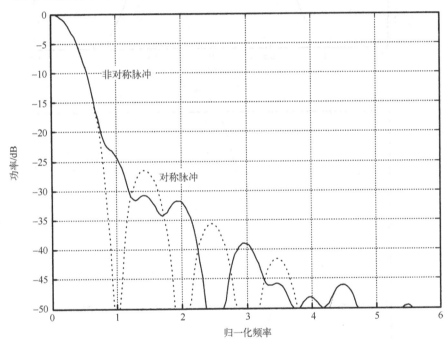

图 3.10　非对称三角脉冲的频谱，上升和下降时间比为 2/3

3.6　升余弦脉冲

我们定义该脉冲半幅度点之间的宽度为 T，这与上述三角脉冲和梯形脉冲的定义一致。单位幅度脉冲是波形 $(1+\cos(2\pi f_0 t))/2$ 的一部分，其中 $f_0=\dfrac{1}{2T}$（$2T$ 是余弦函数的周期）。波形脉宽为 $2T$，所以该脉冲可以表述为

$$u(t)=\frac{\mathrm{rect}\left(\dfrac{t}{2T}\right)(1+(\cos 2\pi f_0 t))}{2} \tag{3.14}$$

单位幅度脉冲如图 3.11（a）所示，时间轴以 T 为单位。

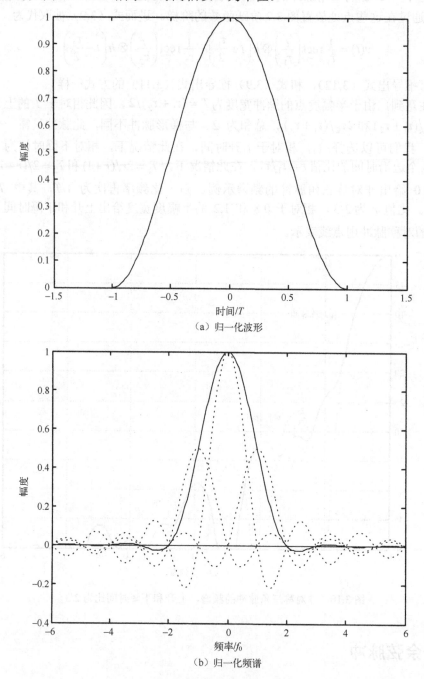

（a）归一化波形

（b）归一化频谱

图 3.11 升余弦脉冲

因此，使用 P3a、P1a、P8a 和 R5，其频谱为

$$U(f) = 2T\operatorname{sinc}(2fT) \otimes \frac{\left(\delta(f) + \frac{1}{2}[\delta(f-f_0) + \delta(f+f_0)]\right)}{2}$$

$$= T\left(\operatorname{sinc}(f/f_0) + \frac{1}{2}[\operatorname{sinc}(f/f_0 - 1) + \operatorname{sinc}(f/f_0 + 1)]\right)$$

$$(3.15)$$

式中，与 δ 函数的卷积对应于 δ 函数位置的偏移。

　　该频谱被认为由三个紧密重叠的 sinc 函数组成。这些在图 3.11（b）中用点线表示，频谱用实线表示。频率轴的单位为 f_0 或 $\frac{1}{2T}$。这三个 sinc 函数的和给出一个频谱的形状，第一零点在 $\pm 2f_0$ 或 $\pm 1/T$（并且对于 $|n| \geqslant 2$ 的整数 n，零点一般在 $\frac{n}{2T}$），有相当低的频谱副瓣。这些在图 3.12 中以对数形式更清晰地显示，并与窗函数的频谱进行比较。频谱的最高副瓣比峰值低 31dB。与矩形或三角脉冲相比，这些较低的副瓣可能来自该脉冲更加平滑的形状，其中矩形和三角脉冲的最高副瓣分别比峰值低 13dB 和 27dB。我们注意到，较低副瓣的代价是主瓣相对于脉宽为 $2T$ 的窗函数频谱的展宽。在 4dB 点，展宽系数为 1.65。

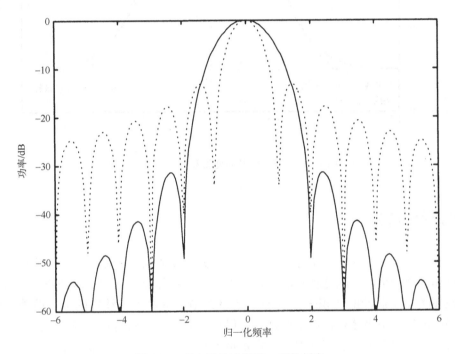

图 3.12　升余弦脉冲频谱，对数刻度

　　顺便说一句，有趣的是注意图 3.11 中的两个形状有多么相似。事实上，它们都接近高斯形状，函数的形状与其变换（P6）相同。这三种形状如图 3.13 所示。

　　通过这里使用的方法，可以很容易地变换形式为 $(1-a-b) + a\cos(\pi t/T) + b\cos(2\pi t/T)$（从 $-T$ 至 T 选通）的脉冲形状。其中包括汉明窗和布莱克曼窗，以及汉恩窗（此处考虑的升余弦函数），其中 $a = 1/2$，$b = 0$。

　　如果首选宽度为 T 的底，将 T 替换为 $T/2$，这种更一般形式的转换很容易被视为式（3.15）的扩展：

$$T\Big(2(1-a-b)\,\mathrm{sinc}(f/f_0) + a\big(\mathrm{sinc}(f/f_0-1) + \mathrm{sinc}(f/f_0+1)\big)\Big)$$

$$+ b\big(\mathrm{sinc}(f/f_0-2) + \mathrm{sinc}(f/f_0+2)\big) \qquad \left(f_0 = \frac{1}{2T}\right)$$

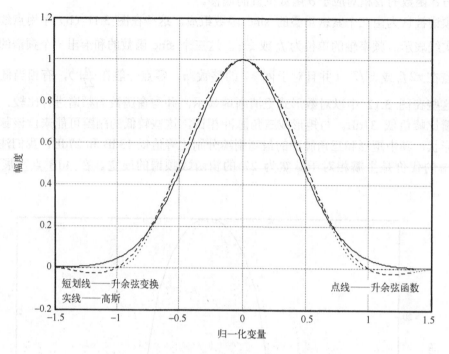

图 3.13　升余弦函数及其变换和高斯函数的对比

3.7　弧形化脉冲

　　矩形脉冲的阶跃不连续性是导致其频谱差、具有高的副瓣的原因。通过产生有限斜率的上升沿和下降沿可以消除这种阶跃不连续性。对于对称梯形脉冲，这是通过矩形脉冲与另一个较短的矩形脉冲的卷积来实现的，见 3.2 节。这种不连续性的减少改善了副瓣电平。这些脉冲的斜率仍然存在不连续性，可以通过另一个卷积消除这些不连续性，从而进一步降低副瓣。原则上，卷积不需要一定是矩形脉冲，但这可能是最简单的，也是这里所采用的例子。

　　图 3.14 说明了与矩形脉冲卷积对梯形脉冲一个角的影响。脉冲宽度为 T，在 $-T/2$ 至 $T/2$ 区间内，相对于拐角位置，波形以 t^2 曲线上升，在该区间之后，斜率变回为一个恒定值（以 t 直线上升）。

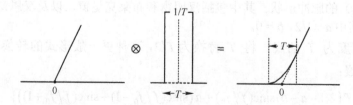

图 3.14　宽度为 T 的弧形角

　　将梯形脉冲与这个矩形脉冲卷积，以类似的方式使梯形脉冲的四个角全部为弧形角。

如果用 $f(t)$ 表示梯形脉冲波形，用 $F(f)$ 表示其频谱，对于弧形角波形，通过 R7b、P3a 和 R5 有

$$f(t) \otimes (1/T)\mathrm{rect}(t/T) \Leftrightarrow F(f)\mathrm{sinc}(fT) \tag{3.16}$$

也就是说，将频谱乘以短脉冲的频谱，可以进一步降低副瓣。

　　实际上，脉冲很可能被杂散电容弧形化，这可以通过图 3.15 所示的电路来建模。在电子工程符号中，该网络的频率响应表示为

$$A(\omega) = \frac{(1/R_2 + \mathrm{j}\omega C)^{-1}}{R_1 + (1/R_2 + \mathrm{j}\omega C)^{-1}} = \frac{1}{1 + R_1/R_2 + \mathrm{j}\omega C R_1} \tag{3.17}$$

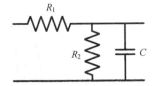

图 3.15　杂散电容模型

式中，$\mathrm{j}^2 = -1$；ω 是角频率 $2\pi f$。用我们这里使用的符号，式（3.17）变成

$$A(f) = \frac{1}{1 + R_1/R_2 + 2\pi \mathrm{i} f C R_1} = \frac{R_2}{R_1 + R_2} \cdot \frac{1}{1 + 2\pi \mathrm{i} f \tau} \tag{3.18}$$

其中，

$$\tau = \frac{C R_1 R_2}{R_1 + R_2} \tag{3.19}$$

　　电容和电阻的乘积具有时间维数，τ 代表电路的时间常数，因子 $R_2/(R_1 + R_2)$ 是低频信号的极限衰减（接近直流或 $f = 0$）。

　　该电路的脉冲响应 $a(t)$ 是频率响应的（逆）傅里叶变换，通过 P5 和 R5，除以加权因子 $R_2/(R_1 + R_2)$ 有

$$a(t) = \frac{1}{\tau}\mathrm{e}^{-t/\tau} \quad (t \geqslant 0) \quad \text{或} \quad a(t) = \frac{1}{\tau}\mathrm{e}^{-t/\tau}h(t) \tag{3.20}$$

式中，h 是阶跃函数。电路对脉冲的响应由脉冲和脉冲响应的卷积给出。首先看到对梯形脉冲上升沿的影响，表示为 $\mathrm{e}(t) = kt \cdot h(t)$ （对于 $t > 0$，$g(t) = kt$）。这是

$$
\begin{aligned}
a(t) \otimes \mathrm{e}(t) &= \int_{-\infty}^{\infty} \frac{1}{\tau}\mathrm{e}^{-(t-t')/\tau}h(t-t')kt'h(t')\mathrm{d}t' = \int_0^t \frac{k}{\tau}t'\mathrm{e}^{-(t-t')/\tau}\mathrm{d}t' \\
&= k\left(t - \tau(1 - \mathrm{e}^{-t/\tau})\right) \qquad (t > 0)
\end{aligned} \tag{3.21}
$$

　　t/τ 越大，指数项越小，且可以看到，响应趋近于 $k(t-\tau)$，而不是 kt，对应于延时 τ。此时时延 τ 作用于整个脉冲（除弧形失真外），假设 τ 与脉冲周期相比比较小。注意到，如果移动图 3.14 中的矩形弧形化脉冲，使其像指数脉冲响应那样在零时刻而不是在 $-T/2$ 开始，那么这个矩形"脉冲响应"会导致 $T/2$ 的时延，所以长度 $T = 2\tau$ 的脉冲会产生和指数脉冲相同的时延并且时延量大致相等。图 3.16 给出了原始脉冲乘以矩形脉冲

$\text{sinc}^2(2f\tau)$ 和杂散电容 $1/(1+(2\pi f\tau)^2)$ 这两类脉冲所得的功率谱（线性和对数两种形式）的变化曲线。平滑脉冲的功率谱是原始脉冲的频谱乘以其中一个频谱。假设平滑脉冲响应与脉冲长度相比相当短，那么脉冲频谱将主要集中在脉冲响应频谱的主瓣内。可看到，通过平滑处理，脉冲的副瓣大大降低（例如，在距中心频率 $\pm 0.4/\tau$ 时，大约降低了 10dB）。还看到，正如上述考虑延迟的讨论所预期的那样，宽度为 2τ 的矩形脉冲的响应与时间常数为 τ 的杂散电容滤波器的响应相当接近。

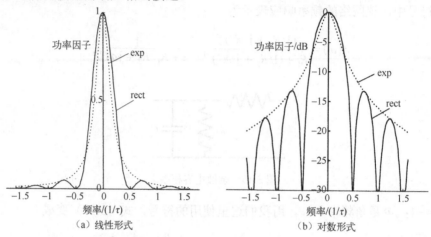

（a）线性形式　　　　　　（b）对数形式

图 3.16　矩形和指数脉冲响应的功率谱

我们给出这些弧形化形式对图 3.8 所用的非对称梯形脉冲频谱的影响，其时间常数 $\tau=0.3T$。在图 3.17（a）中，可以看到由如图 3.15 所示的电容产生的指数脉冲响应弧形化的影响。副瓣比预期的要低得多。图 3.17（b）中脉宽为 2τ 的矩形弧形化的响应非常相似，但频率 $\dfrac{3}{2T}$（归一化频率 1.5）除外，后者对应于 rect 频谱第一个零点的位置。

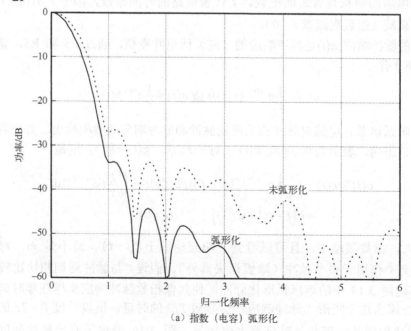

（a）指数（电容）弧形化

图 3.17　弧形化对梯形脉冲频谱的影响

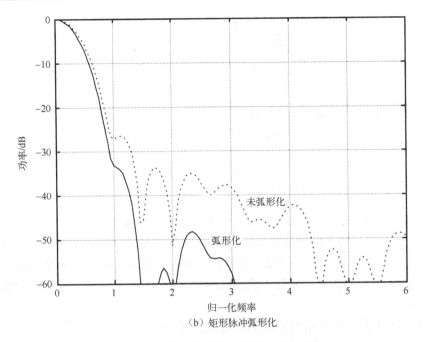

（b）矩形脉冲弧形化

图 3.17 弧形化对梯形脉冲频谱的影响（续）

3.8 一般弧形化梯形脉冲

在这里，独立考虑将梯形脉冲的四个角弧形化的问题（即，在不同的时间间隔内，有 rect 函数，甚至有不同的弧形化函数）。在与雷达相关的应用中，这可能不是一个特别可能出现的问题，但这个棘手问题的解决方案很有趣，也很有启发性，可能可以在其他应用中使用。

3.4 节通过两个阶跃函数的差得到非对称梯形脉冲，每个阶跃函数与一个矩形脉冲进行卷积得到上升沿，从而解决了非对称梯形脉冲的问题。通过使用不同宽度的矩形脉冲，可以得到不同斜率的上升沿和下降沿。

在这种情况下，通过将卷积矩形脉冲本身表示为两个阶跃函数的差来扩展这一原理。有限上升沿可以看作两个无限上升沿的差值，如图 3.18 所示。我们把由两个单位阶跃函数卷积得到的结果称为 Ramp 函数，如图 3.19 所示，并在式（3.22）给出定义。

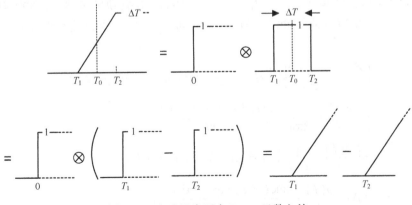

图 3.18 上升沿为两个 Ramp 函数之差

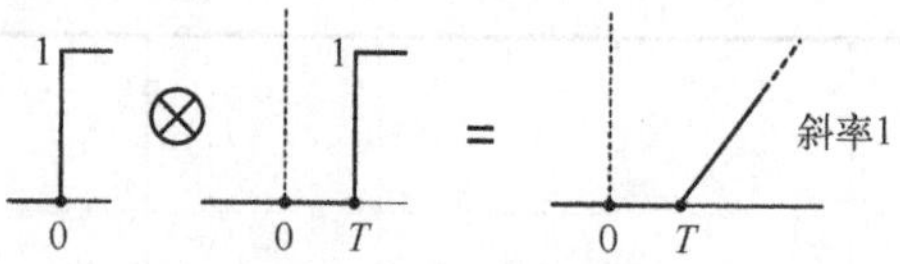

图 3.19　Ramp 函数

如图 3.19 所示，定义 Ramp 函数为

$$\text{Ramp}(t-T) = h(t) \otimes h(t-T) \tag{3.22}$$

因此，

$$\text{Ramp}(t) = \begin{cases} 0 & t \leqslant 0 \\ t & t > 0 \end{cases} \quad (t \in \mathbb{R}) \tag{3.23}$$

将梯形脉冲的四个角分成四个 Ramp 函数的角，在组合形成平滑脉冲之前，通过将 Ramp 函数与如图 3.14 所示的不同宽度的 rect 函数（或者其他需要的弧形化函数）进行卷积，可以将四个角全部弧形化。在获得弧形角脉冲的傅里叶变换之前，以 4 个 Ramp 函数（上升沿和下降沿各 2 个）的形式获得了梯形脉冲的变换。（第 7 章需要一个不同的有限线性函数，称为 ramp。）

图 3.18 中的上升沿可以用两种数学表达式进行表示。

$$h(t) \otimes \text{rect}\left(\frac{t-T_0}{\Delta T}\right) = h(t) \otimes \big(h(t-T_1) - h(t-T_2)\big)$$
$$= \text{Ramp}(t-T_1) - \text{Ramp}(t-T_2) \tag{3.24}$$

T_0 是 rect 函数的中点，位于 $(T_2+T_1)/2$，且 $\Delta T = T_2 - T_1$ 是其宽度。用 P2a、P3a、R7b、R5 和 R6a 可得，左边的傅里叶变换为

$$\left(\frac{\delta(f)}{2} + \frac{1}{2\pi\mathrm{i}f}\right)\Delta T \text{sinc}(f\Delta T)\exp(-2\pi\mathrm{i}fT_0)$$
$$= \Delta T\left(\frac{\delta(f)}{2} + \frac{\text{sinc}(f\Delta T)\exp(-2\pi\mathrm{i}fT_0)}{2\pi\mathrm{i}f}\right) \tag{3.25}$$

式中，一般而言，用到 $\delta(f-f_0)u(f) = \delta(f)u(f_0)$ [见式（2.9）]，因此 $\delta(f)\text{sinc}(f\Delta T)\exp(-2\pi\mathrm{i}fT_0) = \delta(f)$。用式（3.22）、P2a、R7b 和 R6a 可得，右边 Ramp 函数差的变换为

$$\left(\frac{\delta(f)}{2} + \frac{1}{2\pi\mathrm{i}f}\right)\left[\left(\frac{\delta(f)}{2} + \frac{1}{2\pi\mathrm{i}f}\right)(\exp(-2\pi\mathrm{i}fT_1) - \exp(-2\pi\mathrm{i}fT_2))\right] \tag{3.26}$$

使用 $T_0 = (T_1+T_2)/2$ 和 $\Delta T = T_2 - T_1$（见图 3.18），指数项的差变成 $\exp(-2\pi\mathrm{i}fT_0)(\exp(2\pi\mathrm{i}f\Delta T) - \exp(-2\pi\mathrm{i}f\Delta T))$ 或 $2\mathrm{i}\sin(2\pi f\Delta T)\exp(-2\pi\mathrm{i}fT_0)$，因此，再次使用式（2.9），式（3.26）变成

$$\left(\frac{\delta(f)}{2} + \frac{1}{2\pi\mathrm{i}f}\right)\left[\left(\frac{\delta(f)}{2} + \frac{1}{2\pi\mathrm{i}f}\right)2\mathrm{i}\sin(\pi f\Delta T)\exp(-2\pi\mathrm{i}fT_0)\right]$$
$$= \left(\frac{\delta(f)}{2} + \frac{1}{2\pi\mathrm{i}f}\right)\frac{\sin(\pi f\Delta T)\exp(-2\pi\mathrm{i}fT_0)}{\pi f}$$
$$= \left(\frac{\delta(f)}{2} + \frac{1}{2\pi\mathrm{i}f}\right)\Delta T\,\text{sinc}(f\Delta T)\exp(-2\pi\mathrm{i}fT_0) \tag{3.27}$$
$$= \Delta T\left(\frac{\delta(f)}{2} + \frac{\text{sinc}(f\Delta T)\exp(-2\pi\mathrm{i}fT_0)}{2\pi\mathrm{i}f}\right)$$

正如预期的那样，与式（3.25）相同。

现在可以找到图 3.20 所示的每个角有不同弧形化的梯形脉冲的频谱。该脉冲被分为四个 Ramp 函数，其上升沿和下降沿的宽度为 ΔT_r 和 ΔT_s，以 T_r 和 T_s 为中心。由成对的 Ramp 函数形成的边沿，通过除以宽度 ΔT_r 或 ΔT_s 归一化。（如果要使初始和最终的值相同，则必须将它们缩放到相同的高度。）因此，此脉冲可以表示为

$$\frac{1}{\Delta T_r}\big(\mathrm{Ramp}(t-T_1)-\mathrm{Ramp}(t-T_2)\big)-\frac{1}{\Delta T_s}\big(\mathrm{Ramp}(t-T_3)-\mathrm{Ramp}(t-T_4)\big) \tag{3.28}$$

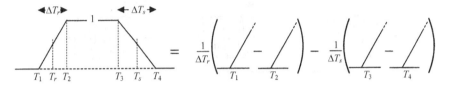

图 3.20　单位高度梯形脉冲

为了将一个角弧形化，用 $r_k(t)\otimes\mathrm{Ramp}(t-T_k)$ 代替 $\mathrm{Ramp}(t-T_k)$，其中 $r_k(t)$ 是单位积分的弧形化函数（例如图 3.14 中的矩形脉冲）。对于具有这种性质的函数，它遵循 $R(0)=1$，其中 R 是 r 的傅里叶变换。

弧形角的上升沿表示为 $e_r(t)=\big(r_1(t)\otimes\mathrm{Ramp}(t-T_1)-r_2(t)\otimes\mathrm{Ramp}(t-T_2)\big)/\Delta T_r$，根据式（3.22）Ramp 的定义，可以将此式写成

$$e_r(t)=h(t)\otimes\big(r_1(t)\otimes h(t-T_1)-r_2(t)\otimes h(t-T_2)\big)/\Delta T_r \tag{3.29}$$

其变换

$$E_r(f)=\frac{1}{\Delta T_r}\left(\frac{\delta(f)}{2}+\frac{1}{2\pi \mathrm{i}f}\right)\left[\left(\frac{\delta(f)}{2}+\frac{1}{2\pi \mathrm{i}f}\right)\big(R_1(f)\exp(-2\pi \mathrm{i}fT_1)-R_2(f)\exp(-2\pi \mathrm{i}fT_2)\big)\right]$$

$$=\left(\frac{\delta(f)}{2}+\frac{1}{2\pi \mathrm{i}f}\right)\left[\frac{\big(R_1(f)\exp(\pi \mathrm{i}f\Delta T_r)-R_2(f)\exp(-\pi \mathrm{i}f\Delta T_r)\big)}{2\pi \mathrm{i}f\Delta T_r}\right]\exp(-2\pi \mathrm{i}fT_r) \tag{3.30}$$

$$=\frac{\delta(f)}{2}+\left[\frac{\big(R_1(f)\exp(\pi \mathrm{i}f\Delta T_r)-R_2(f)\exp(-\pi \mathrm{i}f\Delta T_r)\big)}{(2\pi \mathrm{i}f)^2\Delta T_r}\right]\exp(-2\pi \mathrm{i}fT_r)$$

遵循式（3.25）～式（3.27）中非弧形化情况的方法。[通过式（2.9），最后两行再次使用结论 $\delta(f)g(f)=\delta(f)g(0)$。注意到第二行方括号中 $f=0$ 处的项变成 $\mathrm{sinc}(0)=1$。]将上升沿和下降沿结合起来，δ 函数消失，形成 3.4 节[见式（3.10）和式（3.11）]中非对称梯形脉冲的频谱，可以得到一般弧形角梯形脉冲频谱的最终结果：

$$-\frac{\big(R_1(f)\mathrm{e}^{\pi \mathrm{i}f\Delta T_r}-R_2(f)\mathrm{e}^{-\pi \mathrm{i}f\Delta T_r}\big)}{(2\pi f)^2\Delta T_r}\mathrm{e}^{-2\pi \mathrm{i}fT_r}+\frac{\big(R_3(f)\mathrm{e}^{\pi \mathrm{i}f\Delta T_s}-R_4(f)\mathrm{e}^{-\pi \mathrm{i}f\Delta T_s}\big)}{(2\pi f)^2\Delta T_s}\mathrm{e}^{-2\pi \mathrm{i}fT_s} \tag{3.31}$$

作为检查，注意到，如果使用一个弧形化函数 r，其变换为 R，表达式（3.31）可以简化成

$$R(f)\left[\frac{\mathrm{sinc}(f\Delta T_r)}{2\pi \mathrm{i}f}\mathrm{e}^{-2\pi \mathrm{i}fT_r}-\frac{\mathrm{sinc}(f\Delta T_s)}{2\pi \mathrm{i}f}\mathrm{e}^{-2\pi \mathrm{i}fT_s}\right] \tag{3.32}$$

从式（3.11）可以看出（有 $T_r=-T/2$、$T_s=T/2$、$\Delta T_r=\tau_1$ 和 $\Delta T_s=\tau_2$），这正是用函数 r 对非对称梯形脉冲进行平滑处理的结果。

3.9　相同 RF 脉冲的规则序列

该波形可以近似表示为使用定时触发的磁控管的雷达发射机的输出。该波形定义为

$$u(t) = \text{rep}_T \left\{ \text{rect}(t/\tau)\cos(2\pi f_0 t) \right\} \tag{3.33}$$

式中，f_0 为载频；τ 为脉宽；T 为脉冲重复周期，如图 3.21 所示。

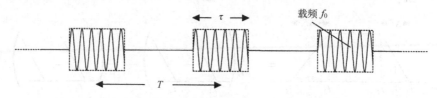

图 3.21　相同 RF 脉冲的规则序列

注意到，式（3.33）对两个函数的乘积进行了 rep 运算，所以通过 R8b 和 R7a，其变换应该是这两个函数变换的卷积的 comb 形式。可以将余弦表示为指数的和，但更方便的是使用变换对 P9a，也的确已经这么做了。因此通过 P3a、P9a、R8b 和 R5 可以得到

$$U(f) = \left(\frac{\tau}{2T} \right) \text{comb}_{1/T} \left\{ \text{sinc}((f - f_0)\tau) + \text{sinc}((f + f_0)\tau) \right\} \tag{3.34}$$

该频谱（在正频率区域）如图 3.22 所示。

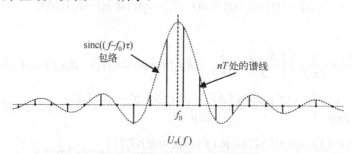

图 3.22　规则 RF 脉冲序列的频谱

因此，可以看出该频谱由间隔为 $1/T$ 的谱线（由波形的重复特性得出）组成，谱线的长度由两个以频率 f_0 和 $-f_0$ 为中心的 sinc 函数的包络给出。如第 2 章所述，频谱的负频率部分只是（实波形）实部的复共轭，不提供额外的信息。（在这种情况下，频谱是实数的，因此负频率部分只是实数部分的镜像。）但是，如 2.4.1 节所述，只有当波形足够窄（例如，如果 $f_0 \gg 1/\tau$，两个频谱分量的近似带宽）时，才可以忽略以 $-f_0$ 为中心的频谱部分对正频率区域的贡献。

通过这个分析很容易证明该频谱的一个重要的特点，那就是，尽管频谱的包络以 f_0 为中心，但一般来说，在 f_0 处没有谱线。这是因为这些线是脉冲重复频率（PRF）（$1/T$）的倍数，并且只有当 f_0 恰好是 PRF 的倍数时，才会有一条在 f_0 处的谱线。回到时域，除非一个脉冲的载波与下一个脉冲的载波完全同相，否则我们不会真正期望 f_0 处的功率。为了在 f_0 处有功率，在重复周期 T 内载波波长应该为精确的整数（即载频应该是 PRF 的精确倍数）。这是下一个例子中的情况。

3.10 规则脉冲序列选通载波

该波形会在脉冲多普勒雷达中使用。一个连续稳定的频率源被窗函数选通后可以产生所需的脉冲序列（见图 3.23）。同样，用 T 表示脉冲重复周期，τ 表示脉宽，f_0 表示载波频率，则波形可以表示为

$$u(t) = \mathrm{rep}_T(\mathrm{rect}(t/\tau))\cos(2\pi f_0 t) \tag{3.35}$$

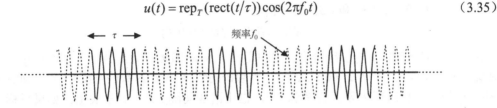

图 3.23　规则脉冲序列选通载波

使用 R7a、R8b、P3a 和 P8a，得到其变换如图 3.24 所示，为

$$U(f) = \left(\frac{\tau}{2T}\right)\mathrm{comb}_{1/T}[\mathrm{sinc}(f\tau)\otimes(\delta(f-f_0)+\delta(f+f_0))] \tag{3.36}$$

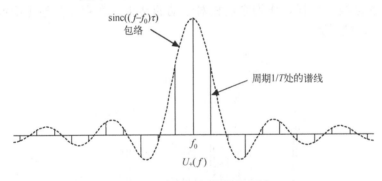

图 3.24　规则选通载波的频谱

用 U_+ 表示频谱的正频率部分，假设波形足够窄，使得频谱的两部分重叠可以忽略不计，有

$$U_+(f) = \left(\frac{\tau}{2T}\right)\mathrm{comb}_{1/T}(\mathrm{sinc}(f\tau))\otimes\delta(f-f_0) \tag{3.37}$$

函数 $\mathrm{comb}_{1/T}(\mathrm{sinc}(f\tau))$ 以 0 为中心，在 $1/T$ 的倍数（包括 0）处有谱线。与 $\delta(f-f_0)$ 的卷积只是将整个频谱的中心移到 f_0。因此 $U_+(f)$ 在 f_0+nT（n 为整数，为 $-\infty\sim\infty$）处有谱线，包括一条在 f_0 处的。一般来说，在 $f=0$ 处没有谱线；只有当 f_0 是 $1/T$ 的精确倍数时才有。与前一种情况不同，期望波形在 f_0 处有功率，因为脉冲都由该频率下的相同连续载波样本组成。

3.11 脉冲多普勒雷达目标回波

在这种情况下，把脉冲多普勒雷达接收到的目标回波模型视为一些相干脉冲，脉冲幅

度通过雷达扫过目标时的波束形状进行调制。（实际上，在发射和接收时，回波被调制两次，因此波束形状是平方的。）这里，为了简单起见，先用宽度为 θ（θ 是雷达扫过目标所需的时间）的矩形函数来近似这种调制。稍后再用更真实的模型。在式（3.35）中，脉冲序列由 u 给出，因此，除幅度加权因子时，从静止点目标接收到的波形也是由波束调制得到，为

$$x(t) = \mathrm{rect}(t/\theta)u(t) \tag{3.38}$$

$\mathrm{rect}^2 = \mathrm{rect}$。由 R7a、P3a 和 R5，其频谱为

$$X(t) = \theta \, \mathrm{sinc}(f\theta) \otimes U(f) \tag{3.39}$$

式中，U 在式（3.36）中已经给出。卷积用一个 sinc 函数有效地替换了频谱 U 中的每个 δ 函数。它的宽度为 $1/\theta$（在 4dB 点处），比频谱的包络 sinc 函数的宽度 $1/\tau$ 小，如果 $\theta \gg T$（即，在扫描目标时间内发送许多脉冲），也比谱线间隔 $1/T$ 小。事实上，如果目标相对于雷达运动，回波上也会有多普勒频移。如果其相对径向速度为 v，则接收波形中的频率应按 $(c+v)/(c-v)$（其中，c 是光速）因子进行缩放。这给出了 $+2vf_0/c$ 的总偏移量（假设 $v \ll c$ 且频谱是窄带的，因此所有有效的频谱能量都集中在 f_0 或 $-f_0$ 附近）。图 3.25 给出了接收信号的频谱形式。静止目标（或"杂波"）在 f_0 或与 f_0 间隔 n/T 处产生回波，所有这些均在脉冲频谱定义的包络内（见图 3.25）。较小的运动目标的回波会产生与杂波谱线有一定偏移量的谱线，这样，作为它们相对运动的结果，在存在其他压倒性杂波的情况下，这些目标可以被看到。

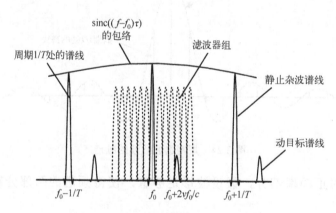

图 3.25　脉冲多普勒雷达波形的频谱

图 3.25 是示意图；滤波器组可以是基带（$f_0 = 0$）或低 IF，并且可以数字实现。通过适当的滤波，不仅可以看到目标，而且可以估计多普勒频移，从而得到目标的径向速度。

由式（3.39）可知，所有的谱线都被波束调制响应（平方）的频谱展宽，但矩形波束，如前面所述，除作为一个非常粗略的近似值外，是不真实的。在第 8 章中我们会看到，对于线性孔径，波束形状本质上是孔径照射函数的逆傅里叶变换，在恒定的旋转角速度下，这成为（单向）波束调制。（在雷达领域，广义上，通常需要小角度的近似，即 $\sin\theta \approx \theta$。）如果孔径函数为 $\mathrm{rect}(x/X)$，X 是以波长为单位的孔径的宽度，则波束形状为 $\mathrm{sinc}(\alpha X)$ 形式，α 为方位角（以弧度表示）。如果波束扫描匀速为 $\alpha = kt$，则接收的脉冲序列由函数 $(\mathrm{sinc}(kXt))^2$ 进行调制，且目标回波谱是其变换（即由 P4、R4、R5 得到的三角函数 $\mathrm{tri}\left(\dfrac{f}{kX}\right)$）。

此函数的宽度（在半幅度或 6dB 点处为 $f_0 = kX$ ）决定滤波器的宽度从而决定速度分辨率。

为给出一些合理的值，设 $X = 30$ 波长，对于 S 波段（3GHz）3m 的孔径，当旋转周期为 3s 时， $k = 2\pi/3\,\text{rad/s}$ 和 $kX = 60\pi/3$ ，或近似 60Hz。在此载频，径向速度 1m/s 的目标将产生 20Hz 的多普勒频移，因此谱线展宽仅相当于约 3m/s 宽。

如果将加权函数设为 $a(x)\text{rect}(x/X)$ 形式，则波束形状为 $(A(\alpha)\otimes\text{sinc}(\alpha X))^2$ ，且双向响应为 $(A(\alpha)\otimes\text{sinc}(\alpha X))^2$ 。回波调制为 $(A(kt)\otimes\text{sinc}(kXt))^2$ ，由这种调制展宽的谱线为 $a(f/k)\text{rect}\left(\dfrac{f}{kX}\right)\otimes a(f/k)\text{rect}\left(\dfrac{f}{kX}\right)$ 。由于卷积和乘法的混合，此表达式对于典型的函数 a 来说并不容易被简化，尽管它可以通过取近似值获得谱线形状和其宽度。一般来说，给出理想的低副瓣响应的加权函数会产生更宽的主瓣，使分辨率数值多达原来的两倍。

3.12 小结

本章使用规则和对方法得到了多个脉冲和脉冲串的频谱。正如前面所提到的，本章的目的与其说是针对这一主题提供一组解决方案，不如说是介绍了如何使用该方法，以便于使用者能够熟悉它，然后用它去解决问题。因此，无论所有的例子是否与实际问题（例如，求解非对称梯形脉冲的频谱，特别是当该脉冲的每个角有不同弧形化的时候）有明确的对应关系，这都不是问题，毕竟无法预期各种可能使用该方法的使用者的问题，但这些例子展示了在不需要任何明确整合的情况下，通过应用该方法简洁清晰地获得解决方案的各种途径。

第 4 章 周期波形、傅里叶级数和离散傅里叶变换

4.1 引言

本节使用规则和对方法考虑周期性波形的一些方面。首先，注意到这些波形没有有限的能量，因此无法应用遵循帕塞瓦尔定理（见式（2.27））的结果，即波形能量与基于频谱的等效形式相等。相反，在 4.2 节中显示，在这种情况下，相关量是功率，而不是能量，波形和频谱的功率表达式可以使用规则和对方法推导得到。

当然，周期性波形可以表示为傅里叶级数。周期波形具有线谱，在规则和对方法中由一组 δ 函数给出，其强度给出了通过标准方法获得的级数的系数，使用积分。如果用重复周期 T 表示一个周期函数 u，形式为

$$u(t) = \sum_{n=-\infty}^{\infty} c_n \exp(2\pi i n F t) \tag{4.1}$$

如在式（1.1）中，通过 P1a 和 R6b，频谱由下式给出。

$$U(f) = \sum_{n=-\infty}^{\infty} c_n \delta(f - nF) \tag{4.2}$$

式中，$F = 1/T$ 为波形的基频。使用一个周期内的复指数函数的正交性来得出系数，即

$$\int_{I_T} \exp(-2\pi i m t/T) \exp(2\pi i n t/T) \mathrm{d}t = T\delta_{nm}$$

式中，I_T 是长度为 T 的区间；δ_{mn} 是克罗内克-δ。因此，有

$$c_n = \frac{1}{T} \int_{I_T} u(t) \exp(-2\pi i n F t) \mathrm{d}t \tag{4.3}$$

式（4.1）和式（4.3）通常会定义傅里叶级数关系。式（4.2）正式给出了作为频率函数的频谱，但通常只需要系数 c_n。使用正弦和余弦级数，使用正弦和余弦函数在一个周期内的正交性，可以获得三角形式表达式的等效公式。

在有限持续时间的规则脉冲序列的情况下，频谱只是单个脉冲的连续频谱的采样形式。这通过规则和对方法可以非常简单地显示——如果 $s(t)$ 是脉冲波形，以周期 T 重复，那么脉冲序列由 $\mathrm{rep}_T\, s(t)$ 表示，其变换为 $F\, \mathrm{comb}_F\, S(f)$，其中 $F = 1/T$，S 为脉冲的频谱，是 s 的傅里叶变换。可以看到，将连续函数 S 替换为离散函数，该函数由 F 倍的 δ 函数（或谱线）组成，强度为 $FS(nF)$（这些频率点处的 S 值的 F 倍）。因此，如果有一个脉冲序列，它是第 3 章（3.2 节~3.8 节）中已经分析过的形式之一，通过在点 nF 处采样脉冲频谱（并乘以 F）即可获得脉冲序列的频谱。

然而，这里通过规则和对方法获得的傅里叶变换，用复指数频率函数（正弦波）表示

波形——在非周期情况下表示为频率连续体上的积分，或在周期情况下表示为离散频率上的和。[例如，c_n 是 $2\pi i n F t$ 的系数，频率 nF 处的分量，在式（4.1）的傅里叶级数中。]这种关于复指数的展开可能对用户来说不是最方便的。当然，傅里叶级数分析可以应用于实值函数或复值函数，用实函数（可能带有复系数）或复函数来表示它们。然而，通常主要应用于实函数，更自然地表示为实函数（正弦和余弦）之和，而不是复指数之和。4.3 节将展示如何使用规则和对方法获得这种情况下的傅里叶级数系数，而不必执行任何数值积分。为了说明该方法，以矩形脉冲序列、锯齿波、周期性三角波（对称和非对称）和整流正弦波（半波和全波）为例。

离散傅里叶变换（DFT）不同于本书中的其他傅里叶变换。对于这些其他变换，输入波形是数学函数，可以用不同的精度描述实际的物理量。对于 DFT，如 4.4 节所述，变换的输入是一组数据样本，不需要任何明确的数学描述。因此，波形是离散的，而不是连续的，尽管它可能被认为是隐式基本连续函数的采样形式。首先采用一般离散波形的情况。如果数据被认为来自定期采样的波形（由 comb 函数描述），则其来自 comb-rep 对的频谱是频率的重复或周期函数。这样做的优点是只需要一个周期来定义频谱。然而，总的来说，这个频谱是连续的，问题是如何对它进行适当采样，以便用有限的术语来描述它。如果定期采样（并且假设采样间隔是重复周期的整数倍），那么会发现这个频谱是周期性和定期采样的，它的逆变换是周期性和定期采样的波形。发现频谱一个周期内的样本数等于输入样本数，即假定周期波形一个周期内的样本数。这是快速傅里叶变换（FFT）的基础，FFT 是这种 DFT 的有效实现。我们展示了 DFT 是如何实现的——特别是，使用规则和对技术推导了与输入数据样本相关的频谱分量系数，并给出了一个示例，使用 MATLAB FFT 作了原理说明。

4.2　周期波形的功率关系

4.2.1　能量和功率

如果 $u(t)$ 表示 t 时刻电阻为 R 的电阻器两端的电压，则 $|u(t)|^2/R$ 是电能在时间 t 内转化为热能的速率，它在某个时间间隔内的积分即为在此间隔期间生成的热能。通常，忽略 R 作为固定比例因子，认为 $\int |u(t)|^2 \mathrm{d}t$ 是波形中适当单位的能量。即使 u 不代表物理量，例如电压或波形的幅度，也可以方便地保留这个术语，我们只是指函数的积分平方模。

在 2.4.2 节中对帕塞瓦尔定理的讨论中，假设式（2.27）中的波形 u 是一个有限能量波形，即该公式左侧的无穷积分（因此也包括右侧的无穷积分）收敛。在这种情况下，当 $t \to \pm\infty$ 时，必须有 $u(t) \to 0$（这是一个必要非充分条件。例如，由于 $|u|^2$ 是单调的，在 t 值较大时，其值也必须比 t^{-1} 下降得更快）。本章考虑的周期波形不满足此条件，且式（2.27）不适用。相反，可以考虑每单位时间的平均能量或功率，这是适当的措施，而不是这些波形的能量。在长度为 T 的区间内，波形 u 的平均功率由 $\frac{1}{T}\int_T |u(t)|^2 \mathrm{d}t$ 给出（其中 $\int_T$ 表示该区间内的积分），对于（统计平稳）随机波形，可以通过将限值取为 $T \to \infty$ 来估计功率电平。然而，对于周期函数，有一个自然时间间隔可供选择，这就是它的重复

周期。对于具有离散线谱的周期波形和具有周期频谱的采样波形，该方法用于获得相当于式（2.27）的结果。4.4 节给出了用于 DFT 的采样和重复波形的等效结果。

4.2.2 δ 函数的幂

δ 函数的积分是单位的，但 $\int \delta(f)^2 \, \mathrm{d}f$ 的值是多少？为了解决这个问题，将 δ 函数（见 2.2.3 节）定义为单位积分的适当函数序列的极限，使得极限函数仅在一个点处非 0。在这种情况下，将 sinc 函数作为序列的基础。

首先考虑波形

$$u_n(t) = \mathrm{rect}(t/n)$$

一个长度为 n 的矩形脉冲，频谱为

$$U_n(f) = n \, \mathrm{sinc}(nf)$$

波形的能量为

$$E_n = \int_{-\infty}^{\infty} |u_n(t)|^2 \, \mathrm{d}t = \int_{-\infty}^{\infty} \mathrm{rect}^2(t/n) \mathrm{d}t = \int_{-\infty}^{\infty} \mathrm{rect}(t/n) \mathrm{d}t = n \;, \tag{4.4}$$

$\mathrm{rect}^2 = \mathrm{rect}$。频谱能量为

$$\int_{-\infty}^{\infty} |U(f)|^2 \, \mathrm{d}f = \int_{-\infty}^{\infty} n^2 \mathrm{sinc}^2(nf) \mathrm{d}f = \int_{-\infty}^{\infty} n \mathrm{sinc}^2(nf) \mathrm{d}(nf) = n \tag{4.5}$$

使用 sinc 函数的性质 3（见 2.2.2 节）。波形和频谱能量的相等性符合帕塞瓦尔定理[见式（2.27）]。现在考虑函数 u_n 和 U_n 序列的极限，有

$$\lim_{n \to \infty} u_n(t) = \lim_{n \to \infty} \mathrm{rect}(t/n) = 1$$

和

$$\lim_{n \to \infty} U_n(f) = \lim_{n \to \infty} (n \, \mathrm{sinc}(nf)) = \delta(f)$$

使用 2.2.3 节给出的 δ 函数的定义。现在由式（4.4）和式（4.5）可知，这些函数的能量 $\lim_{n \to \infty}(E_n)$ 是无限的。这回答了本节开头的问题。然而，每个波形 u_n 中的**功率**是除以脉冲长度 n 得到的，因此由 $p_n = E_n / n = 1$ 得到。由于这与 n 无关，很明显，这也是极限的波形功率，常函数 $u(t)=1$，其具有傅里叶变换 $\delta(f)$（即单位强度的 δ 函数表示的功率为单位 1，因此强度为 a 的 δ 函数的功率为 $|a|^2$）。假设一个更复杂的函数，具有多条谱线，其功率由谱线中的功率之和给出，这似乎是合理的，并将在 4.2.3 节中得到证明[见式（4.14）]。这也适用于移位 δ 函数，因为 $U(f) = \delta(f - f_0)$ 具有变换 $u(t) = \exp(2\pi \mathrm{i} f_0 t)$ 和 $|u(t)|^2 = 1$。

4.2.3 一般周期函数

周期波形不是能量有限的波形，但如果取其中的一个周期，那么就得到了一个能量有限的波形，对于它，式（2.27）的能量方程成立，直接遵循帕塞瓦尔定理。设周期函数为 u，重复间隔为 T，并令 v 为 u 的一个周期，通过选通滤波获得（见图 4.1）。然后有

$$v(t) = \mathrm{rect}(t/T)u(t) \qquad u(t) = \mathrm{rep}_T v(t) \tag{4.6}$$

它们的频谱表示为

$$V(f) = T \mathrm{sinc}(fT) \otimes U(f) \text{ 和 } U(f) = F \mathrm{comb}_F V(f)$$

$$F = 1/T \tag{4.7}$$

写出 comb 函数，可以把 U 写成

$$U(f) = F\sum_n V(nf)\delta(f - nF) = \sum_n U_n\delta(f - nF) \tag{4.8}$$

式中，$U_n = FV(nF)$ 是 U 的频谱中频率 nF 处的 δ 函数强度。

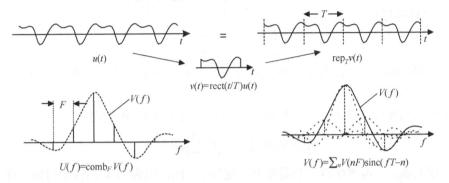

图 4.1　周期函数的波形和频谱

根据式（4.7）中的两个频谱表达式，得到

$$V(f) = \mathrm{sinc}(fT) \otimes \mathrm{comb}_F V(f) \tag{4.9}$$

$$= \mathrm{sinc}(fT) \otimes \sum_n V(nF)\delta(f - nF) = \sum_n V(nF)\mathrm{sinc}((f - nF)T) \tag{4.10}$$

$$= \sum_n V(nF)\mathrm{sinc}(fT - n)$$

这里的 $\sum_n$ 表示 $-\infty \sim \infty$ 的所有 n 的总和。这表明，频谱 V 可以用其间隔为 $F = 1/T$ 的样本表示，并使用 sinc 函数插值。只要对应的波形 v 在区间 $[-T/2, T/2]$ 内，该结果适用于任何频谱 V。它与式（5.2）中给出的波形插值结果相反。这些波形和频谱如图 4.1 所示。

由于 v 现在是一个有限能量波形，可以使用帕塞瓦尔定理的结果[见式（2.27）]。在这种情况下，v 中的能量以及因此 u 的一个周期中的能量为 E_v，如下：

$$E_v = \int_{-\infty}^{\infty} |v(t)|^2\,\mathrm{d}t = \int_T |v(t)|^2\,\mathrm{d}t \tag{4.11}$$

严格地说，从 v 的定义来看，$\int_T$ 应该意味着在区间 $[-T/2, T/2]$ 上的积分，在这个区间内，rect 函数的值为单位 1，但实际上它可以在任何长度为 T 的区间上，这个区间包含一个完整的 u 的周期。

使用式（4.10），有

$$\int_{-\infty}^{\infty} |V(f)|^2\,\mathrm{d}f = \int_{-\infty}^{\infty} \sum_n V(nF)\mathrm{sinc}(fT - n)\sum_m V(mF)^*\mathrm{sinc}(fT - m)\,\mathrm{d}f$$

$$= \frac{1}{T}\int_{-\infty}^{\infty} \sum_n \sum_m V(nF)V(mF)^*\mathrm{sinc}(fT - n)\mathrm{sinc}(fT - m)\,\mathrm{d}(fT) \tag{4.12}$$

$$= F\sum_n \sum_m V(nF)V(mF)^*\delta_{nm} = F\sum_n |V(nF)|^2$$

其中，使用了 sinc 函数的性质 4（见 2.2.2 节），移位 sinc 函数集的正交性质。这里的 δ_{mn} 是克罗内克-δ，$m=n$ 时为单位 1，$m \neq n$ 时为 0。

式（4.12）本身就是一个有趣的结果：对于频谱 V，其中波形 v 在区间 $[-T/2, T/2]$ 内，

连续函数 $|V|^2$ 的积分是 F 乘以在周期 $F=1/T$ 处采集的 $|V|^2$ 样本之和。

因此，波形 u 中的功率由 p_u 给出，其中

$$p_u = \frac{E_v}{T} = \frac{1}{T}\int_{-\infty}^{\infty}|v(t)|^2\,\mathrm{d}t = \frac{1}{T}\int_{-\infty}^{\infty}|V(f)|^2\,\mathrm{d}f = F^2\sum_n|V(nF)|^2 \tag{4.13}$$

使用式（2.27）和式（4.12）。式（4.8）有 $U_n = FV(nF)$，对于 u 的功率，由式（4.11）和式（4.13）最终得到

$$\frac{1}{T}\int_T|u(t)|^2\,\mathrm{d}t = \sum_n|U_n|^2 \tag{4.14}$$

这证实了周期波形 u 中的功率等于其线谱中 δ 函数强度的平方模之和（即频率分量的功率），如 4.2.2 节所述。

如果 u 是已知脉冲波形 s 的重复形式，那么由 $u(t)=\mathrm{rep}_T\,s(t)$ 得到

$$\int_T\left|\mathrm{rep}_T s(t)\right|^2\,\mathrm{d}t = F\sum_n|S(nF)|^2 \tag{4.15}$$

注意：一般来说，$\mathrm{rep}_T\,s(t)$ 的一个周期不一定等于 $s(t)$，因为当 s 的持续时间大于 T 时，重复版本会重叠。只有当 s 有时间限制，且 $-T/2$ 至 $T/2$ 之间的值为 0 时，才能在式（4.15）中用 $s(t)$ 替换 $\mathrm{rep}_T\,s(t)$。

通过对功率谱的采样形式进行积分，可以以更接近有限能量波形[见式（2.27）]的帕塞瓦尔结果的形式呈现该结果：

$$\int_{-\infty}^{\infty}\mathrm{comb}_F|S(f)|^2\,\mathrm{d}f = \int_{-\infty}^{\infty}\sum_n|S(nf)|^2\delta(f-nF)\mathrm{d}f = \sum_n|S(nF)|^2$$

因为 δ 函数的积分是单位 1，式（4.15）变成

$$\int_T\left|\mathrm{rep}_T s(t)\right|^2\,\mathrm{d}t = F\int_{-\infty}^{\infty}\mathrm{comb}_F|S(f)|^2\,\mathrm{d}f \tag{4.16}$$

该结果表明，重复波形的一个周期内的能量由采样功率谱乘以采样间隔（在频域中）的积分给出。

4.2.4 规则采样函数

如果以间隔 τ 有规律地对 u 进行采样，则其频谱以周期 $\phi=1/\tau$ 进行重复。在这种情况下，采用与第 4.2.3 节相同的方法，只是此时将频谱的一个周期而不是波形的一个周期排除在外。定义 $V(f)=\mathrm{rect}(f/\phi)U(f)$，得到如下结果：

$$\int|V(f)|^2\,\mathrm{d}f = \int_\phi|U(f)|^2\,\mathrm{d}f$$

和

$$v(t) = \sum_n v(n\tau)\mathrm{sinc}(\phi t-n)$$

从而，

$$\int|v(t)|^2\,\mathrm{d}t = \tau\sum_n|v(n\tau)|^2$$

分别对应式（4.11）、式（4.10）和式（4.12），以及 $u_n=\tau v(n\tau)$。在式（2.27）中使用这些结果给出：

$$\frac{1}{\tau}\sum_n|u_n|^2 = \int_\phi|U(f)|^2\,\mathrm{d}f$$

当 $\phi\tau = 1$ 时，可求得式（4.14）的等价形式：

$$\sum_n |u_n|^2 = \frac{1}{\phi} \int_\phi |U(f)|^2 \, df \tag{4.17}$$

如果 u 是一个脉冲波形 s 的采样形式，那么 $u(t) = \mathrm{comb}_\tau s(t)$，$U(f) = \phi \, \mathrm{rep}_\phi S(f)$，对应于式（4.15）有

$$\tau \sum_n |s(n\tau)|^2 = \int_\phi \left| \mathrm{rep}_\phi S(f) \right|^2 \, df \tag{4.18}$$

4.2.5　维度注意事项

本节用维度的术语来证明能量和功率表达式的合理性，因为这些表达式所代表的形式并不总是显而易见的。本节 $[u]$ 代表波形的维度，$[U]$ 代表频谱的维度，$[T]$ 和 $[F]$ 代表时间和频率的维度。我们也用符号 ~ 来表示"与……有相同的维度"因此，有 $[F] \sim [T]^{-1}$。作为惯例，还将取 $[u^2]$ 有功率的维度，因此 $[u^2][T]$ ~ 能量（见 4.2.1 节）。

从式（1.3）和式（1.4）的定义中，可以看到 $[u] \sim [U][F]$ 和 $[U] \sim [u][T]$，然后在式（2.27）中，左边有维度 $[u^2][T]$ 或者能量，右边有维度 $[U^2][F] \sim [u^2][t]^2[F] \sim [u^2][T]$，这也是能量表达式。因此，这个公式实际上相当于有限能量波形的波形和频谱能量。

重点注意，对于采样波形和频谱，作为 δ 函数强度的样本与采样函数的维度不同。在式（4.8）中，例如，我们注意到在频率间隔 I_n 上的积分仅包括频率为 nF 的线谱，有 $\int_{I_n} U(f) \, df = U_n$，因此 U_n 具有维度 $[U][F]$（不是 $[U]$）。（实际上 $[U_n] \sim [u]$。）类似地，对于一个采样波形，样本 u_n 具有维度 $[u][T]$ 或 $[U]$。可以看到，式（4.14）的左边有维度 $[u^2]$ 或功率，在给定的 $[U_n] \sim [u]$ 下，右边也有。式（4.17）的左边有维度 $[U]^2/[T]$，右边有维度 $[U]^2[F]$，并且它们都是能量表达式，因此该方程将频谱的一个周期内的能量与波形采样的平方幅度之和除以采样间隔相匹配。最后，对于 4.4.3 节的规则采样周期函数，式（4.59）的两侧具有能量维度，因此这有效地将波形的一个周期内的能量等同于频谱的一个周期内的能量。

4.3　使用规则和对的实函数傅里叶级数

4.3.1　傅里叶级数系数

这里使用的规则和对方法是一种完全复数的方法，给出实波形和复波形的复频谱。因此，即使对于实波形，波形也表示为 $\exp 2\pi ift$ 形式的复指数函数的和或积分。通常（两者都不一定），傅里叶级数分析适用于周期性实波形，其表示为具有实系数的实函数（正弦和余弦）之和。本节将展示在周期性实波形的情况下，如何从规则和对方法给出的频谱中获得这些系数，并在后续的三节中给出方波、锯齿波、三角波和整流正弦波波形的示例。

假设 u 是周期函数，重复周期为 T，则频谱 U 是 comb 函数，可以表示为

$$U(f) = \sum_{n=-\infty}^{\infty} c_n \delta(f - nF) \tag{4.19}$$

式中，$F = 1/T$。通过逆傅里叶变换，波形可以表示为

$$u(t) = \sum_{n=-\infty}^{\infty} c_n \exp(2\pi inFt) \tag{4.20}$$

我们看到，系数 c_n 对频谱中的 δ 函数以及波形扩展中的复指数进行加权。我们现在想将 u 表示为傅里叶级数的形式：

$$u(t) = a_0 + \sum_{n=1}^{\infty} (a_n \cos(2\pi nFt) + b_n \sin(2\pi nFt)) \tag{4.21}$$

如式（1.1）所示，现在需要系数 a_0、a_n 和 b_n。由式（4.20）有

$$u(t) = \sum_{n=-\infty}^{\infty} c_n e^{2\pi inFt} = \sum_{n=-\infty}^{\infty} c_n(\cos(2\pi nFt) + i\sin(2\pi nFt))$$

$$= c_0 + \sum_{n=1}^{\infty} c_n(\cos(2\pi nFt) + i\sin(2\pi nFt)) + \sum_{n=1}^{\infty} c_{-n}(\cos(2\pi nFt) - i\sin(2\pi nFt))$$

$$= c_0 + \sum_{n=1}^{\infty} (c_n + c_{-n})\cos(2\pi nFt) + i(c_n - c_{-n})\sin(2\pi nFt)$$

现在对于实波形，对于任何频率 f，都有 $U(-f) = U(f)^*$（见 4.2.1 节），因此，在式（4.19）中，$c_{-n} = c_n^*$ 和

$$c_n + c_{-n} = c_n + c_n^* = 2\operatorname{Re}c_n$$

和

$$c_n - c_{-n} = c_n - c_n^* = 2i\operatorname{Im}c_n$$

因此，最终有

$$u(t) = c_0 + \sum_{n=1}^{\infty} (2\operatorname{Re}c_n\cos(2\pi nFt) - 2\operatorname{Im}c_n\sin(2\pi nFt)) \tag{4.22}$$

式中，c_0 也是实数。对比式（4.21）和式（4.22），有

$$a_0 = c_0 \qquad a_n = 2\operatorname{Re}c_n \qquad b_n = -2\operatorname{Im}c_n \tag{4.23}$$

因此，为了找到实周期波形的傅里叶级数系数，通过规则和对方法获得频谱 U，给出系数 c_n，然后使用式（4.23）。此方法在后续节中进行说明。

4.3.2 方波的傅里叶级数

周期为 T 的方波由长度为 $T/2$ 的规则矩形脉冲序列给出，因此可以表示为

$$u(t) = \operatorname{rep}_T\left(\operatorname{rect}\left(\frac{2t}{T}\right)\right) \tag{4.24}$$

傅里叶变换为

$$U(f) = F\operatorname{comb}_F\left(\frac{T}{2}\operatorname{sinc}\left(\frac{fT}{2}\right)\right) = \frac{1}{2}\operatorname{comb}_F\left(\operatorname{sinc}\left(\frac{fT}{2}\right)\right)$$

$$= \frac{1}{2}\sum_{n=-\infty}^{\infty} \operatorname{sinc}\left(\frac{nFT}{2}\right)\delta(f - nF) \tag{4.25}$$

式中，$F = 1/T$。现在注意到，当 n 为奇数时，

$$c_n = \frac{1}{2}\mathrm{sinc}\left(\frac{nFT}{2}\right) = \frac{1}{2}\mathrm{sinc}\left(\frac{n}{2}\right) \quad (n \in \not\subset) \tag{4.26}$$

$$= \frac{\sin(n\pi/2)}{n\pi} = (-1)^{(n-1)/2}\frac{1}{n\pi} \quad (n\text{ 为奇数})$$

当 n 为偶数（$n \neq 0$）时 c_n 为 0。c_n 在 4.3.1 节中定义，使得 $U(f) = \sum\limits_{n=-\infty}^{\infty} c_n\delta(f-nF)$。当 c_n 是实数时，由 4.3.1 节中得到，对于 $n = 1 \sim \infty$，$a_n = 2c_n = (-1)^{(n-1)/2}\frac{2}{n\pi}$（$n$ 为奇数）或 0（n 为偶数），以及 $b_n = 0$。也由式（4.26）得知，正如预期的那样，$a_0 = c_0 = 1/2$，因为这是波形的平均电平。因此，方波 u 的傅里叶级数为

$$u(t) = \frac{1}{2} + \frac{2}{\pi}\sum_{n=1}^{\infty}\frac{(-1)^{(n-1)/2}}{n}\cos(2\pi nFt) \tag{4.27}$$

与传统傅里叶分析给出的结果一致，并且无须使用任何积分即可获得。

这适用于图 4.2（a）中所示的情况，其中脉冲序列以 0 为中心，给出一个偶函数，预计它只会在偶函数（即余弦）方面给出扩展。有趣的是图 4.2（b）所示的情况，其中函数（除了平均电平）是一个奇函数并且应该只给出一个正弦级数。

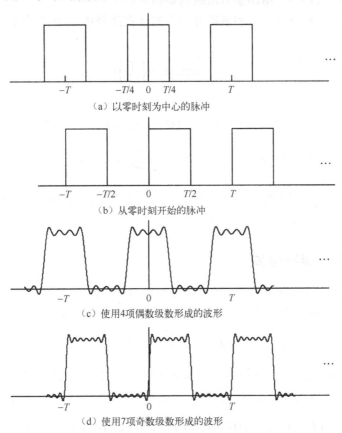

（a）以零时刻为中心的脉冲

（b）从零时刻开始的脉冲

（c）使用 4 项偶数级数形成的波形

（d）使用 7 项奇数级数形成的波形

图 4.2　傅里叶级数的方波合成

在这种情况下，波形偏移 $T/4$，波形表示为

$$v(t) = \text{rep}_T\left(\text{rect}\left(\frac{t - T/4}{T/2}\right)\right) \tag{4.28}$$

使用 R6a，其傅里叶变换为

$$V(f) = F\,\text{comb}_F\left(\frac{T}{2}\text{sinc}\left(\frac{fT}{2}\right)\exp\left(\frac{-2\pi ifT}{4}\right)\right) = \frac{1}{2}\text{comb}_F\left(\text{sinc}\left(\frac{fT}{2}\right)\exp\left(\frac{-\pi ifT}{2}\right)\right)$$

$$= \frac{1}{2}\sum_{n=-\infty}^{\infty}\text{sinc}\left(\frac{nFT}{2}\right)\exp\left(\frac{-\pi inFT}{2}\right)\delta(f - nF) = \frac{1}{2}\sum_{n=-\infty}^{\infty}\text{sinc}\left(\frac{n}{2}\right)\exp\left(\frac{-in\pi}{2}\right)\delta(f - nF)$$

因此，n 为奇数时，$c_n = \frac{1}{2}\text{sinc}\left(\frac{n}{2}\right)\exp\left(\frac{-in\pi}{2}\right) = \frac{1}{2}\frac{\sin(n\pi/2)}{n\pi/2}\left(-i\sin\left(\frac{n\pi}{2}\right)\right) = \frac{-i}{n\pi}$；$n$ 为偶数时，$c_n = 0$（$n > 0$）。在这种情况下，傅里叶级数系数为 $a_0 = c_0 = 1/2$，$a_n = 2\,\text{Re}\,c_n = 0$（$n > 0$），以及 $b_n = -2\,\text{Im}\,c_n = 2/(n\pi)$（$n$ 为奇数）。因此，方波的傅里叶系数为

$$v(t) = \frac{1}{2} + \frac{2}{\pi}\sum_{n=1}^{\infty}\frac{1}{n}\sin(2\pi nFt) \quad (n \text{ 为奇数}) \tag{4.29}$$

取常数项加上前 N 个正弦项，使用这些级数表示 u 和 v，图 4.2（c）（对于 $N = 4$，或 $n = 1,\cdots,7$）和（d）（$N = 7$）给出了方波的近似值。

对于具有占空比 r（$r < 1$）的规则脉冲序列（在此例中以 0 为中心），脉冲的长度为 rT，波形表示为

$$u(t) = \text{rep}_T\left(\text{rect}\left(\frac{t}{rT}\right)\right) \tag{4.30}$$

频谱为

$$U(f) = F\,\text{comb}_F(rT\,\text{sinc}(frT)) = r\,\text{comb}_F(\text{sinc}(frT))$$

$$= r\sum_{n=-\infty}^{\infty}\text{sinc}(rnFT)\delta(f - nF) = r\sum_{n=-\infty}^{\infty}\text{sinc}(rn)\delta(f - nF) \tag{4.31}$$

因此，$a_0 = c_0 = r$、$c_n = \frac{\sin(rn\pi)}{n\pi}$、$a_n = 2\,\text{Re}\,c_n = \frac{2\sin(rn\pi)}{n\pi}$ 和 $b_n = 0$。我们注意到，常数项的值是 r，正如预期的那样，r 为平均电平。设置 $r = 1/2$ 给出方波情况。

4.3.3 锯齿波的傅里叶级数

图 4.3（a）给出一个周期为 T、幅度为 2、平均电平为 0 且以时间原点为中心的锯齿波形。这是一个奇函数，因此其傅里叶级数将仅由正弦波的总和给出。该波形可以表示为

$$u(t) = \text{rep}_T\left(\text{ramp}\left(\frac{t}{T}\right)\right) \tag{4.32}$$

式中，定义了 $\text{ramp}(x) = 2x\,\text{rect}(x)$，该函数将在 7.3 节进一步讨论，见图 7.2。使用式（7.18）中给出的傅里叶变换对，其傅里叶变换可表示成

$$U(f) = F\,\text{comb}_F(iT\,\text{snc}_1(fT)) = i\sum_{n=-\infty}^{\infty}\text{snc}_1(nFT)\delta(f - nF)$$

式中，$F = 1/T$ 和 $\text{snc}_1(x) = \dfrac{\text{d}(\text{sinc}(x))}{\pi dx}$ [见式（7.17）]。当 $\text{snc}_1(0) = 0$ 时，有 $a_0 = c_0 = 0$；当 c_n 是虚数时，有 $a_n = 0$ 和

$$b_n = -2\operatorname{Im}c_n = -2\operatorname{snc}_1(n) = \frac{2(-1)^{n+1}}{n\pi} \quad (n>0) \tag{4.33}$$

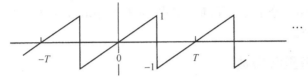

（a）锯齿波在时间零点居中

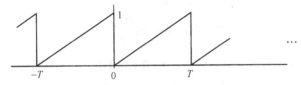

（b）锯齿波在时间零点开始倾斜

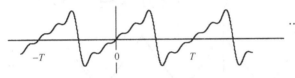

（c）使用 $n=5$ 形成的波形

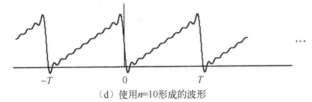

（d）使用 $n=10$ 形成的波形

图 4.3　傅里叶级数合成锯齿波

[由式（7.20），有 $\operatorname{snc}_1(n) = \dfrac{\cos(\pi n) - \operatorname{sinc}n}{n\pi} = \dfrac{(-1)^n}{n\pi}$ （$n>0$）。]因此，锯齿波 u 的傅里叶级数为

$$
\begin{aligned}
u(t) &= \frac{2}{\pi}\sum_{n=1}^{\infty}(-1)^{n+1}\frac{\sin(2\pi nFt)}{n}\\
&= \frac{2}{\pi}\left(\sin(2\pi Ft) - \frac{\sin(4\pi Ft)}{2} + \frac{\sin(6\pi Ft)}{3} - \cdots\right)
\end{aligned}
\tag{4.34}
$$

图 4.3（b）所示的锯齿波表示为

$$v(t) = \frac{1}{2} + \frac{1}{2}\operatorname{rep}_T\left(\operatorname{ramp}\left(\frac{t-T/2}{T}\right)\right) \tag{4.35}$$

和之前一样，经过傅里叶变换，得到

$$c_n = \frac{\operatorname{isnc}_1 n\exp(-in\pi)}{2} = \frac{\mathrm{i}(-1)^n\operatorname{snc}_1 n}{2} = \frac{\mathrm{i}}{2n\pi}$$

[使用前面得到的 $\operatorname{snc}_1(n)$。]因此，$a_0 = c_0 = 1/2$，$a_n = 2\operatorname{Re}c_n = 0$，$b_n = -2\operatorname{Im}c_n = -\dfrac{1}{n\pi}$。在这种情况下，锯齿波表示为

$$v(t) = \frac{1}{2} - \frac{1}{\pi} \sum_{n=1}^{\infty} \frac{\sin(2\pi nFt)}{n} \tag{4.36}$$

图 4.3（c）和（d）分别给出了通过在式（4.34）中取 $n = 5$ 和在式（4.36）中取 $n = 10$ 获得的近似锯齿波。

4.3.4　三角波的傅里叶级数

图 4.4（a）所示的对称三角波，其周期为 T，可以写成

$$u(t) = \mathrm{rep}_T \mathrm{tri}\left(\frac{t}{T/2}\right) \tag{4.37}$$

式中，函数 tri(x) 在式（3.6）中给出定义。由 R5 和 P4，其傅里叶变换为

$$U(f) = F\mathrm{comb}_F\left(\frac{T}{2}\mathrm{sinc}^2\left(\frac{fT}{2}\right)\right) = \frac{1}{2}\sum_{n=-\infty}^{\infty}\mathrm{sinc}^2\left(\frac{n}{2}\delta(f - nF)\right) \tag{4.38}$$

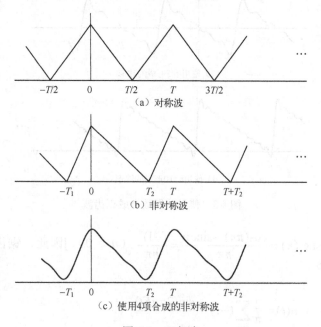

（a）对称波

（b）非对称波

（c）使用4项合成的非对称波

图 4.4　三角波

$c_n = \frac{1}{2}\mathrm{sinc}^2\left(\frac{n}{2}\right)$，$a_0 = \frac{1}{2}$。$a_n = 2\,\mathrm{Re}\,c_n = \left(\frac{\sin(n\pi/2)}{n\pi/2}\right)^2$，或当 n 为奇数时为 $\left(\frac{2}{n\pi}\right)^2$，当 n 为偶数时为 0。对于所有的 n，都有 $b_n = 0$。在这种情况下，傅里叶级数系数可以通过规则和对方法非常直接地找到，无须积分。

对于非对称三角波，如图 4.4（b）所示，可以使用 3.5 节中的非对称三角脉冲（峰值在 $t = 0$ 处）作为两个阶跃函数的差值，与不同宽度的 rect 脉冲卷积。取这个脉冲，三角波表示为

$$u(t) = \mathrm{rep}_T v(t)$$

式中，$v(t)$ 在式（3.13）中给出，其傅里叶变换在式（3.12）中给出，因此，图 4.4（b）所示三角波的频谱可以表示为

$$U(f) = F\text{comb}_F\left(\frac{\text{sinc}(fT_1)e^{\pi if\tau_1} - \text{sinc}(fT_2)e^{-\pi if\tau_2}}{2\pi if}\right)$$

$$= -i\sum_{n=-\infty}^{\infty}\frac{\text{sinc}(nFT_1)e^{\pi inF\tau_1} - \text{sinc}(nFT_2)e^{-\pi inF\tau_2}}{2\pi n}\delta(f-nF) \quad (4.39)$$

$$= -i\sum_{n=-\infty}^{\infty}\frac{\text{sinc}(nr_1)e^{\pi inr_1} - \text{sinc}(nr_2)e^{-\pi inr_2}}{2\pi n}\delta(f-nF)$$

式中，$r_k = T_k/T = FT_k$（因此，当 $T_1 + T_2 = T$ 时，$r_1 + r_2 = 1$）。

对于一阶，（对于实数 n）当 $n \to 0$ 时，有

$$c_0 = \lim_{n\to 0}\left(\frac{-i}{2\pi n}(1+\pi inr_1+\cdots-(1-\pi inr_2+\cdots))\right) = \lim_{n\to 0}\frac{\pi n(r_1+r_2)}{2\pi n} = \frac{1}{2}$$

所以正如预期的那样，$a_0 = c_0 = 1/2$。并且，

$$a_n = 2\,\text{Re}\,c_n = \frac{\text{sinc}(nr_1)\sin(\pi nr_1) + \text{sinc}(nr_2)\sin(\pi nr_2)}{n\pi} \quad (4.40)$$

$$= r_1\text{sinc}^2(nr_1) + r_2\text{sinc}^2(nr_2)$$

和

$$b_n = -2\,\text{Im}\,c_n = \frac{\text{sinc}(nr_1)\cos(\pi nr_1) - \text{sinc}(nr_2)\cos(\pi nr_2)}{n\pi} \quad (4.41)$$

除 r_1 和 r_2 的某些特定值外，这些表达式不会进一步简化。在 $r_1 = 0.3$ 和 $r_2 = 0.7$ 的情况下，使用这些系数（$n = 4$）得到图 4.4（c）中所示的波形。

如果令 $n = r = 0.5$（给出对称的情况），则会发现

$$a_n = \frac{1}{2}\text{sinc}^2\left(\frac{n}{2}\right) + \frac{1}{2}\text{sinc}^2\left(\frac{n}{2}\right) = \text{sinc}^2\left(\frac{n}{2}\right)$$

和 $b_n = 0$，这是之前发现的对称三角波的系数。并且，如果我们令 $r_1 = 1$ 和 $r_2 = 0$，有 $\text{sinc}(nr_1) = 0$，因此 $a_n = 0$（$n > 0$）；$\text{sinc}(nr_2) = 1$，因此 $b_n = -\frac{1}{n\pi}$，如 4.3.3 节图 4.3（b）所示的锯齿波。

或者，可以将两个 ramp 函数作差来形成非对称的三角形脉冲。在这种情况下，将图 4.4（b）中所示的波定义为

$$u(t) = \frac{1}{2}\big(1 + v(t)\big)$$

其中

$$v(t) = \text{rep}_T\left(\text{ramp}\left(\frac{t+T_1/2}{T_1}\right) - \text{ramp}\left(\frac{t+T_2/2}{T_2}\right)\right)$$

[我们注意到，$v(t)$ 的范围为 $-1\sim 1$，所以 $u(t)$ 的范围为 $0\sim 1$，视需要而定。]在分析之后，使用 $\text{ramp}\,x \Leftrightarrow i\,\text{snc}_1\,y$ 变换对，得到

$$a_n = 2\,\text{Re}\,c_n = -(r_1\text{snc}_1(nr_1)\sin(\pi nr_1) + r_2\text{snc}_1(nr_2)\sin(\pi nr_2))$$

$$b_n = -2\,\text{Im}\,c_n = r_2\text{snc}_1(nr_2)\cos(\pi nr_2) - r_1\text{snc}_1(nr_1)\cos(\pi nr_1)$$

令 $\text{snc}_1\,x = \dfrac{\cos(\pi x) - \text{sinc}(x)}{\pi x}$，和使用 $r_1 + r_2 = 1$，a_n 和 b_n 的这些表达式可简化为式（4.40）和式（4.41）中的表达式。

4.3.5 整流正弦波的傅里叶级数

首先考虑半波整流波形，如图 4.5（a）所示。这可以表示为正弦波前半个周期的重复形式，通过滤波获得。因此，对于频率为 F 且周期 $T = 1/F$ 的正弦波，该波形可以表示为

$$u_{\frac{1}{2}}(t) = \text{rep}_T\left\{\sin(2\pi Ft)\,\text{rect}\left(\frac{t - T/4}{T/2}\right)\right\} \tag{4.42}$$

傅里叶变换为

$$U_{\frac{1}{2}}(f) = F\,\text{comb}_F\left\{\frac{\delta(f-F)-\delta(f+F)}{2i} \otimes \frac{T}{2}\,\text{sinc}\left(\frac{fT}{2}\right)e^{-2\pi ifT/4}\right\} \tag{4.43}$$

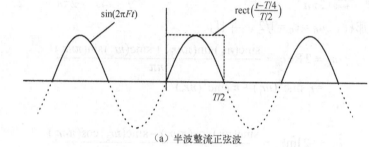

（a）半波整流正弦波

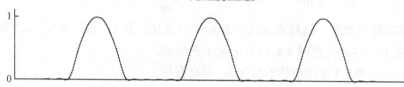

（b）使用4个余弦项合成的半周期整流正弦波

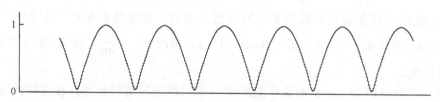

（c）使用7个余弦项合成的全波整流正弦波

图 4.5　整流正弦波

使用 P8b、P3a、R8b、R7a、R5 和 R6a，运用这些函数进行卷积，得到

$$U_{\frac{1}{2}}(f) = \frac{-i}{4}\,\text{comb}_F\left(\text{sinc}\left(\frac{(f-F)T}{2}\right)e^{-2\pi i(f-F)T/4} - \text{sinc}\left(\frac{(f+F)T}{2}\right)e^{-2\pi i(f+F)T/4}\right)$$

（使用 $FT = 1$）写出得到的 comb 梳函数[在式（2.19）中定义]：

$$U_{\frac{1}{2}}(f) = \frac{-i}{4}\sum_{-\infty}^{\infty}\left(\text{sinc}\left(\frac{n-1}{2}\right)e^{-\pi i(n-1)/2} - \text{sinc}\left(\frac{n+1}{2}\right)e^{-\pi i(n+1)/2}\right)\delta(f-nF)$$

因此，系数 c_n [令 $\exp(\pi i/2) = i$]表示为

$$c_n = \frac{(-i)^n}{4}\left(\text{sinc}\left(\frac{n-1}{2}\right) + \text{sinc}\left(\frac{n+1}{2}\right)\right)$$

进而，

$$a_0 = c_0 = \frac{1}{2} \operatorname{sinc}\left(\frac{1}{2}\right) = \frac{\sin(\pi/2)}{2(\pi/2)} = \frac{1}{\pi} \tag{4.44}$$

注意到，当 n 为偶数时，c_n 是实数；当 n 为奇数时，c_n 是虚数。所以，令 $n = 2m$，

$$a_{2m} = 2\operatorname{Re} c_{2m} = \frac{(-1)^m}{2}\left(\frac{\sin((2m-1)\pi/2)}{(2m-1)\pi/2} + \frac{\sin((2m+1)\pi/2)}{(2m+1)\pi/2}\right)$$

注意，$\sin((2m-1)\pi/2) = (-1)^{m+1}$ 和 $\sin((2m+1)\pi/2) = (-1)^m$，得到

$$a_{2m} = \frac{1}{\pi}\left(\frac{-1}{2m-1} + \frac{1}{2m+1}\right) = \frac{-2}{\pi(4m^2-1)} \tag{4.45}$$

当 n 为奇数时，可以看到 $(n-1)/2$ 和 $(n+1)/2$ 是整数，所以根据 sinc 函数的性质 1，除了 $n = 1$，有 $\operatorname{sinc}(n-1)/2 = \operatorname{sinc}(n+1)/2 = 0$，因此，

$$b_1 = -2\operatorname{Im} c_1 = 1/2 \quad \text{和} \quad b_n = 0 \quad (n \text{ 为奇数}，n > 1) \tag{4.46}$$

现在可以运用式（4.44）、式（4.45）和式（4.46）写出半波整流正弦波的傅里叶级数为

$$u_{\frac{1}{2}}(t) = \frac{1}{\pi} + \frac{1}{2}\sin(2\pi Ft) - \frac{2}{\pi}\sum_{m=1}^{\infty}\frac{\cos(4\pi mFt)}{(4m^2-1)} \tag{4.47}$$

图 4.5（b）所示为式（4.42）的半波整流波形，仅使用 4 个余弦项生成，其半周期边缘的角略微圆整，并有少量残余波纹。如果从一个余弦波形开始，选通一个以 $t = 0$ 为中心的半周期，表达式会更简单（没有指数因子），而且作为一个对称函数，只有余弦贡献。读者可以证实这一点。

全波整流波形基于与半波相同的半周期滤波，但以 $T/2$ 周期重复，因此表示为

$$u_1(t) = \operatorname{rep}_{T/2}\left(\sin(2\pi Ft)\operatorname{rect}\left(\frac{t-T/4}{T/2}\right)\right) \tag{4.48}$$

它的频谱为

$$U_1(f) = 2F\operatorname{comb}_{2F}\left(\frac{\delta(f-F) - \delta(f+F)}{2i} \otimes \frac{T}{2}\operatorname{sinc}\left(\frac{fT}{2}\right)e^{-2\pi i fT/4}\right) \tag{4.49}$$

这导致

$$U_1(f) = \frac{-i}{2}\sum_{-\infty}^{\infty}\left(\operatorname{sinc}\frac{2n-1}{2}e^{-\pi i(2n-1)/2} - \operatorname{sinc}\frac{2n+1}{2}e^{-\pi i(2n+1)/2}\right)\delta(f-2nF)$$

我们看到频谱包含的频率仅为 $2F$ 的倍数。令 $\exp(\pi i/2) = i$ 和 $\exp(\pi i) = -1$，复频谱的系数为

$$c_{2n} = \frac{(-1)^n}{2}\left(\operatorname{sinc}\left(\frac{2n-1}{2}\right) + \operatorname{sinc}\frac{2n+1}{2}\right) \tag{4.50}$$

因此，

$$a_0 = c_0 = \operatorname{sinc}\frac{1}{2} = \frac{\sin(\pi/2)}{(\pi/2)} = \frac{2}{\pi} \tag{4.51}$$

和

$$\begin{aligned}a_{2n} &= \frac{(-1)^n}{2}\left(\frac{\sin((2n-1)\pi/2)}{(2n-1)\pi/2} + \frac{\sin((2n+1)\pi/2)}{(2n+1)\pi/2}\right) \\ &= \frac{(-1)^n}{\pi}\left(\frac{(-1)^{n+1}}{2n-1} + \frac{(-1)^n}{2n+1}\right) = \frac{-2}{\pi(4n^2-1)}\end{aligned} \tag{4.52}$$

由于系数 c_{2n} 是实数，对于所有 n，$b_{2n} = 0$，并且该波形的傅里叶级数为

$$u_1(t) = \frac{2}{\pi} - \frac{2}{\pi}\sum_{n=1}^{\infty}\frac{\cos(4\pi nFt)}{4n^2 - 1} \tag{4.53}$$

使用 7 个余弦项的式（4.53）的全波整流波形如图 4.5（c）所示。在这种近似下，连续半周期之间的尖角略微圆润。

4.4　离散傅里叶变换

4.4.1　一般离散波形

本节将讲解如何使用规则和对技术来理解离散时间波形的频谱，尤其是 DFT，并在 FFT 中实际实现。波形是在特定时刻（离散时间点）采集的有限数据集的值，可以来自已知函数的样本，也可以是一组实验值，其基本或隐式函数未知。

像往常一样，首先需要将数据表示为时间的函数。由于此函数仅在时域中的离散点处具有非零值，因此由这些点处的函数表示。因此，该函数实际上是一个广义函数，如 1.4 节所述。首先，采用最一般的情况，即在 N 个瞬时时刻 t_n 获取 N 个数据值 s_n，将波形函数写成

$$s(t) = \sum_{n=1}^{N} s_n \delta(t - t_n) \tag{4.54}$$

通过 P1b、R6a，频谱表示为

$$S(f) = \sum_{n=1}^{N} s_n \exp(-2\pi i f t_n) \tag{4.55}$$

给定数据集 $\{(s_n, t_n) : n = 1, \cdots, N\}$，可以对任何频率评估式（4.55）。如果时间 t_n 是不规则的（特别是，如果区间没有理性相关），则 S 没有确定的结构，它是一个无限频谱（即没有正或负的频率值，超过该频率值，频谱为零）。一般来说，任何有限波形都有无限频谱，见附录 4A。此外，当 $f \to \pm\infty$，频谱不会消失，而是在足够长的时间间隔内保持相同的一般电平。图 4.6（a）和图 4.6（b）所示为有限离散波形及其频谱的示例。（绘制了复频谱的模。）我们注意到，由函数组成的波形具有无限的能量，因此也具有频谱。但是，仅需要无限频谱来完美地重构波形 s。如果将频谱限制在 $-F/2 \sim F/2$ 的频率范围内，会看到，通过取 $S'(f) = S(f)\mathrm{rect}(f/F)$，（令 $T = 1/F$）给出波形 $s'(t) = s(t) \otimes F\,\mathrm{sinc}(t/T)$，如图 4.6（c）所示。用 sinc 函数代替 δ 函数，如果这些足够窄（即如果定义它们宽度的 T 与最近样本的间隔相比较小），这可能是一个可接受的近似值。在这个例子中，F 是平均间隔的倒数的 15 倍，也是一个时间单位，所以 T 是样本平均间隔的 $1/15$。如果样本均匀分布，这将产生以一个频率单位间隔重复的频谱。显然，随着窗函数内频谱能量的增加，近似值会变得更好。在这种情况下，频谱和波形都具有有限的能量。如果我们采用带 sinc^2 变换的三角形频谱窗口，副瓣电平会更低。这可以通过运行程序 Fig406 看到。我们注意到，无论在何处放置窗函数，功率谱（或幅度的模，如此处所绘）都将基本相同。将窗函数从频率原点偏移的效果是应用一个渐进的相位因子（通过 R6b），这对峰值没有实质性的影响，尽管副瓣细节会随着峰值干扰的副瓣模式的不同而变化。

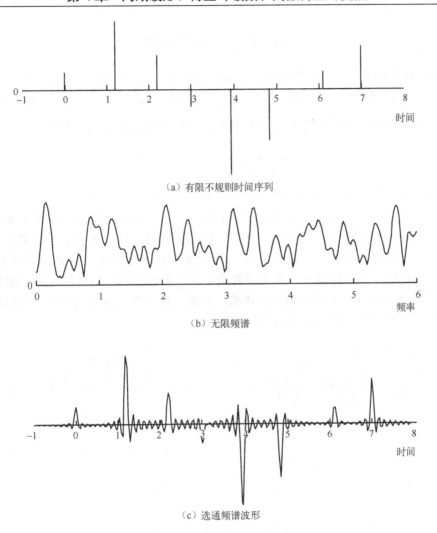

（a）有限不规则时间序列

（b）无限频谱

（c）选通频谱波形

图 4.6 一般有限离散时间序列的频谱和波形

第 8 章给出这种离散函数变换的另一个例子，应用于不规则线性天线阵列的情况。在这种情况下，在空间而非时间中采集的样本是有限的或选通的 sinc 函数，在原点附近的变换域中给出（近似）矩形响应[见图 8.10（a）]。然而，我们看到，由于样本的不规则间隔，响应不是严格周期性的，在本例中，样本的间隔大致是规则的（即阵元从规则位置随机发生轻微位移），离原点更远，"重复"会变得更差。

4.4.2 规则时间序列的变换

在这种情况下，从时间间隔为相等间隔 τ 的 N 个样本中获取数据，因此，从相对于第一个样本的时间来看，波形表示为

$$s(t) = \sum_{n=0}^{N-1} s_n \delta(t - n\tau) \tag{4.56}$$

频谱表示为

$$S(f) = \sum_{n=0}^{N-1} s_n \exp(-2\pi i n f \tau) \qquad (4.57)$$

在将 f 替换为 $f+\phi$ 时，式（4.57）中的指数没有变化，其中 $\phi=1/\tau$，因此 $S(f)=S(f+\phi)$（即 S 在频率域周期变化），周期为 ϕ。它遵循复指数函数一个周期内的正交性[即 $\int_{I_\phi} \exp(2\pi i n f/\phi)\exp(-2\pi i n f/\phi) = \phi\delta_{nm}$，其中 δ_{nm} 为克罗内克-δ 函数]，得出

$$s_n = \frac{1}{\phi}\int_{I_\phi} S(f)\exp(2\pi i n f \tau)\mathrm{d}f \qquad (4.58)$$

式中，I_ϕ 是长度为 ϕ 的重复周期。通过将式（4.57）和式（4.58）与式（4.1）～式（4.3）中的傅里叶级数表达式（使用复指数）进行比较，可以看出，这些方程代表了所谓的逆傅里叶级数（在这种情况下是有限的）。在傅里叶级数[见式（4.1）]的情况下，将周期波形展开为一系列复指数，频谱是一组 δ 函数，其强度是级数的系数（可能是有限的或无限的）。在离散时间序列的情况下，这个序列给出了周期谱作为一系列复（负）指数展开的系数。在第一种情况下，指数是时间的函数，在第二种情况下[见式（4.57）]它们是频率的函数。图 4.7 以图解方式说明了这两种情况。

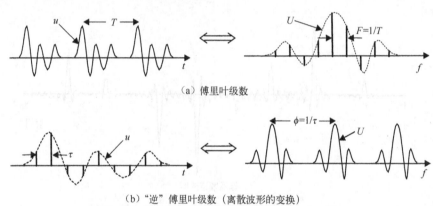

（a）傅里叶级数

（b）"逆"傅里叶级数（离散波形的变换）

图 4.7 傅里叶级数和逆傅里叶级数

如果给定一个周期谱 S（一个周期足以定义它），并想找出这个谱代表什么时间序列，我们的程序将取决于 S 的呈现方式。如果它具有重复已知函数的形式，可以用傅里叶变换对表中的函数表示，那么可以使用 4.2 节中的规则和对方法（使用逆变换）。如果它仅作为一组值给出，那么一种方法是在一个周期 I_ϕ 的任何间隔上以数值方式执行式（4.58）中的积分。但是，4.4.3 节将给出更令人满意的替代方案。

4.4.3 采样周期频谱的变换

4.4.2 节出现了如何定义连续谱的问题，例如式（4.58）中的 S，它不是由已知函数描述的。唯一明显的解决方案是通过在整个频谱中获取一组值来指定它，最合适的方法是通过等距采样。这给出了一个近似值，但原则上，可以通过足够精细的采样使其达到所需的精度。如果选择频谱采样间隔 F，使得在一个频谱周期 ϕ 中，这些间隔有整数 N，那么采样将出现在每个周期的相同相对点上，如图 4.8 所示。（参见附录 4B。在这种情况下，rep 和 comb 是可交换的。）在这种情况下，只需要这 N 个值来表示采样形式的频谱。

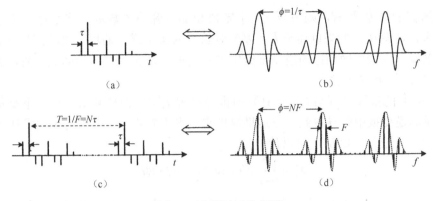

图 4.8　离散波形和频谱

令 S' 为 S 的采样形式，则有

$$S'(f) = \mathrm{comb}_F\, S(f) \tag{4.59}$$

其逆变换为

$$s'(t) = T\,\mathrm{rep}_T\, s(t) \tag{4.60}$$

式中，$T = 1/F$。可看到，S 的规则采样形式实际上是规则时间序列 s 重复形式的频谱，如图 4.8（c）所示。还可看到，原始的有限序列波形 $s(t)$ 可由 $s'(t)/T$ 的一个周期正确得到。

代入 $\phi = NF$，N 为整数，还可发现，取倒数，有 $\tau = T/N$，因此在重复周期 T 中有 N 个时间采样间隔。然后，扩展 comb 函数，式（4.59）给出

$$S'(f) = \sum_{m=-\infty}^{\infty} S(mF)\delta(f - mF) = \sum_{m=-\infty}^{\infty} S_m \delta(f - mF)$$

式中，$S_m = S(mF)$ 是 S 的 comb（或采样）形式的 δ 函数的强度。由式（4.57）可得到

$$S_m = S(mF) = \sum_{n=0}^{N-1} s_n \exp(-2\pi\mathrm{i}nmF\tau)$$

使用 $F\tau = FT/N = 1/N$，有

$$S_m = \sum_{n=0}^{N-1} s_n \exp(-2\pi\mathrm{i}nm/N) \quad (m = 0,\cdots,N-1) \tag{4.61}$$

如前所述，只需要 S 的一个周期内的 N 个 S_m 值，因为这些值在其他周期内是相同的。[由式（4.61）可知，对于所有整数 k，使用 $\exp(2\pi\mathrm{i}kn) = 1$，其中 k 和 n 为整数，有 $S_{m+kN} = S_m$。]原则上，可以取 m 的任意 N 个连续值来定义 S 的周期，但似乎最令人满意的是从零频率开始，且 $m = 0$。

逆变换表示为

$$s_n = \frac{1}{N} \sum_{m=0}^{N-1} S_m \exp(2\pi\mathrm{i}mn/N) \tag{4.62}$$

这可以通过类似的方法或 4.4.6 节中式（4.67）的矩阵表示法来表示。

可以对式（4.61）和式（4.62）提出两条评论。首先，如果更愿意将时间和频率样本编号为 1 至 N，而不是 0 至 $N-1$，但使第一个样本分别对应于零时间或零频率样本，则指数中的 mn 乘积替换为 $(m-1)(n-1)$。其次，如果给定数据集中的时间样本数 n_t 小于一个频

谱周期中所需的样本数 N，则将 $N-n_t$ 个零值相加以弥补该数量。这不是一个任意的选择，而是来自逆变换。如果以速率 $F=\phi/N$ 对长度为 n_t 个样本的单个离散波形 $s(t)$ 的连续频谱进行采样，则该采样频谱的逆变换给出重复波形，以 N 个样本为间隔重复，因此，两者之间必须有 $N-n_t$ 个零值。

式（4.62）的推导过程与式（4.61）的推导过程类似，但要复杂一些，不是从矩阵形式的变换及其逆变换中推导得到。在这里提供它是出于兴趣。由于频谱 S 的采样形式 S' 也是周期性的，通过式（4.58），可以使

$$s'_n = \frac{1}{\phi}\int_{I_\phi} S'(f)\exp(2\pi inf\tau)df$$

式中，I_ϕ 是长度为 ϕ 的频率间隔。现在用式（4.59）代替 S'，用 S_m 代替 $S(mF)$，选取区间包括 $m=0$ 至 $m=N-1$，并使用式（2.10）中给出的 δ 函数性质，$\int\exp(2\pi imf\tau)\delta(f-nF)df=\exp(2\pi imnF\tau)$（其中，这里的积分范围包括 δ 函数），得到

$$s'_n = \frac{1}{\phi}\sum_{m=0}^{N-1} S_m\exp(2\pi imnF\tau)$$

进而，通过式（4.60），再次使用 $\phi T=NFT=N$ 和 $F\tau=FT/N=1/N$，有

$$s_n = s'_n/T = \frac{1}{\phi T}\sum_{m=0}^{N-1} S_m\exp(2\pi imnF\tau) = \frac{1}{N}\sum_{m=0}^{N-1} S_m\exp(2\pi imn/N)$$

这就是式（4.62）。

4.4.4 快速傅里叶变换

乍一看，式（4.61）中似乎需要许多系数（接近 $N^2/2$）才能从数据值 s_n 中给出所有 S_m。事实上，当 $\exp 2\pi i=1$ 时，可以从乘积 mn 中取 N 的整数倍，并用 $\text{mod}(mn,N)$ 代替 mn，这样就只留下 N 个不同的系数值。然而，仍然存在 N^2 个数据样本的乘积，其系数在式（4.61）中，对于大阶 DFT（由 N 给出）而言，这可能非常大。快速 DFT 算法（FFT）利用 N 的任何可用因式分解有效地对乘法进行排序，以减少所需的次数。（在极限值中，当 N 仅为 2 的幂时，如 2^k，这被减少到 Nk，当 k 为 10 时，至少减少为原来的 1%。）

对于 m 从 0 至 $N-1$，用于 N 阶变换的 MATLAB 函数 fft 给出了 S_m 的值，显示了从零频率（常数或直流分量）开始的整个周期。但是，如果希望显示以零频率为中心的频谱，则 fftshift 程序将 fft 给出的解移动周期频谱的半个周期，以给出等效于以零频率为中心的单个周期的解。因此，前半部分向前移动半个周期，后半部分向后移动，得到以零为中心的解。如图 4.9 所示。当 N 为偶数时[见图 4.9（a）]，m 为从 0 至 $N/2-1$ 的值被移动到 $N/2$ 至 $N-1$ 的值之前。由于频谱的周期性（超过 N 个频率间隔），后者的值与从 $-N/2$ 至 -1 的值相同，因此现在有从 $-N/2$ 至 $N/2-1$ 的一个周期的值。当 N 为奇数时[见图 4.9（b）]，第一个元素是 m 值 $(N+1)/2$，它在减去 N 时等价于 $-(N-1)/2$。

4.4.5 举例说明 FFT 和 DFT

为了说明这些想法和表达式，本节以具有低阶 DFT 的对称三角形脉冲为例。脉冲在图 4.10（a）中显示为实时序列[0 1 2 3 2 1 0 0 0]，其频谱如图 4.10（b）所

示。FFT 的阶数是 9，这是时间序列向量和频谱系数的长度。首先，注意到频谱有实波形给出的对称实部和非对称虚部。同样，通过式（4.61），FFT 给出 $S_0 = \sum_{n=0}^{N-1} s_n$，在本例中为 9。

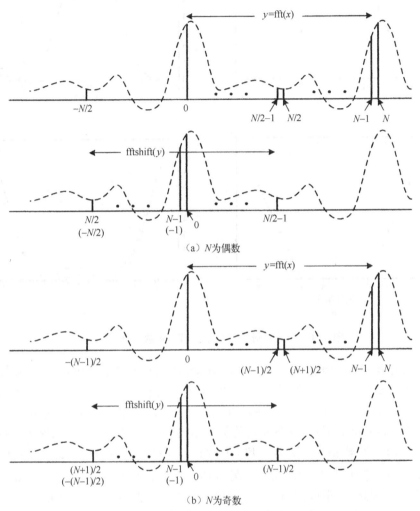

（a）N 为偶数

（b）N 为奇数

图 4.9　使用 fftshift 使频谱居中接近 0

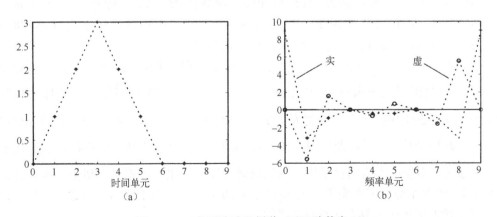

（a）　　　　　　　　　　　　　　　（b）

图 4.10　三角形脉冲和频谱（FFT 阶数为 9）

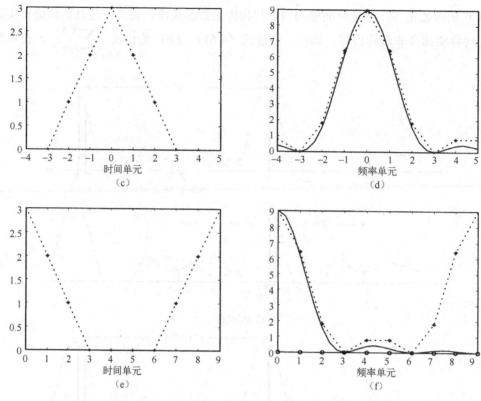

图 4.10　三角形脉冲和频谱（FFT 阶数为 9）（续）

如果将三角形脉冲置于时间零点的中心，那么它将从 $m=-3$ 扩展至 $m=+3$，如图 4.10（c）所示，但 FFT 需要一个从 0 开始的周期，所以时间序列是[3 2 1 0 0 0 0 1 2]，如图 4.10（e）所示。这表明一半的脉冲以 0 为中心，另一半的脉冲以时间样本 9 为中心。正如 R2 和 R3 所预期的那样，这种实对称波形给出一个实对称频谱。如果 $u(t)=u(-t)$，那么 $U(f)=U(-f)$；如果 $u(t)=u^*(-t)$，那么 $U(f)=U^*(f)$。在图 4.10（c）和图 4.10（d）中绘制的时间和频率序列由图 4.10（e）和图 4.10（f）的时间和频率序列通过 fftshift 函数或 ifftshift 函数给出[因此对于图 4.10（c），它是[0 1 2 3 2 1 0 0 0]]。

通过将波形与 $\delta(t+3\tau)$ 卷积得到的三个时间样本向后移动，可以从图 4.10（a）中获得图 4.10（e）中的波形。通过 P1b 和 R6a，将频谱乘以 $\exp(6\pi i f\tau)$。令 $f=mF$ 和 $mF\tau=m/N=m/9$，在这种情况下，如果将图 4.10（b）中的频谱样本乘以 $\exp 2m\pi i/3$（$m=0,\cdots,8$），可以正确地获得图 4.10（f）中所示的频谱值。

在图 4.10（d）和图 4.10（f）中，将图 4.10（c）或图 4.10（e）所示的三角形脉冲的变换（不以重复形式且不采样）用实线表示。由于脉冲由 $3\,\mathrm{tri}\left(\dfrac{t}{3\tau}\right)$ 给出，所以其频谱为 $9\tau\,\mathrm{sinc}^2(3f\tau)$（通过 P4、R5），绘制为实线的部分。[当 $N=9$ 时，sinc 函数的第一个零点在 $f=\dfrac{1}{3\tau}=\phi/3=NF/3=3F$，即如图 4.10（d）所示，当 $m=3$ 时]。如图 4.10（d）所示，FFT（短划线）不能准确给出已采样波形的频谱（即由于采样波形是近似值，所以频谱也是近似值）。误差主要出现在频谱的尾部[在图 4.10（f）的中间和图 4.10（d）的两侧]，这是由于单个脉冲频谱的重复形式重叠造成的。

增加 FFT 的阶数并没有改善频谱的尾部，如图 4.11 所示，阶数为 20。波形重复周期现在为 20 个样本，基本波形不变，但重复之间的零点更多，如图 4.11 所示。（作为一个具体的例子，本例中选择 $\frac{1}{2}$ ms 的采样间隔。）高阶的好处只是增加了频谱的采样密度。为了提高 FFT 频谱尾部与单个采样脉冲的近似性，需要提高脉冲采样率。这更准确地表示了脉冲，用傅里叶变换的术语来说，增加了频谱重复周期。如图 4.11（b）所示，此时采样时间为 1/4ms，匹配到 2kHz 的中点要好得多。

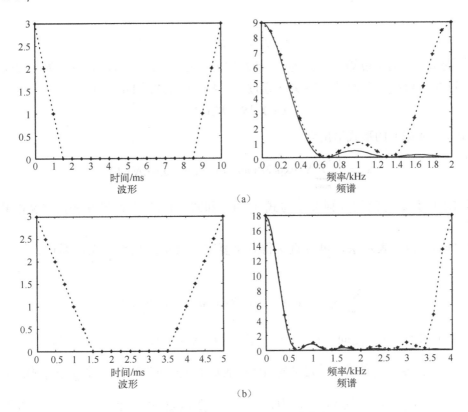

图 4.11 三角形脉冲和频谱（FFT 阶数为 20）

4.4.6 DFT 的矩阵表示

可以用向量-矩阵表示法来表示 DFT，将式（4.61）写成

$$S = Ts \tag{4.63}$$

式中，$s = \begin{bmatrix} s_0 & s_1 & \cdots & s_{N-1} \end{bmatrix}^T$ 是包含输入数据的 N 维向量；$S = \begin{bmatrix} S_0 & S_1 & \cdots & S_{N-1} \end{bmatrix}^T$（右上标 T 表示转置）包含输出数据，即 DFT 频谱样本值。$N \times N$ 的矩阵 T 表示变换运算，并通过式（4.61），得到分量：

$$t_{mn} = \exp(-2\pi i m n / N) \quad (m, n = 0, \cdots, N-1) \tag{4.64}$$

如 4.4.3 节所述，如果更愿意将 s 和 S 的分量从 1 标注至 N，则可令 $t_{mn} = \exp(-2\pi i (m-1)(n-1)/N)$，其中 $m, n = 1, \cdots, N$。

现在注意到，乘积 $T^H T$（H 表示复共轭转置）的分量 mn 可以表示为

$$(\boldsymbol{T}^{\mathrm{H}}\boldsymbol{T})_{mn} = \sum_{k=0}^{N-1} t_{km}^* t_{kn} = \sum_{k=0}^{N-1} \exp\left(2\pi\mathrm{i}\frac{(m-n)k}{N}\right) \tag{4.65}$$

如果 $n = m$，有 $(\boldsymbol{T}^{\mathrm{H}}\boldsymbol{T})_{mm} = N$；但是，如果 $n \neq m$，令 $\alpha = \exp(2\pi\mathrm{i}(m-n)/N)$，对几何级数求和，因为 $m-n$ 是整数，所以 $\alpha^N = \exp(2\pi\mathrm{i}(m-n)) = 1$，则有

$$(\boldsymbol{T}^{\mathrm{H}}\boldsymbol{T})_{mn} = \sum_{k=0}^{N-1} \alpha^k = \frac{1-\alpha^N}{1-\alpha} = 0$$

因此，

$$\boldsymbol{T}^{\mathrm{H}}\boldsymbol{T} = N\boldsymbol{I} \tag{4.66}$$

式中，$\boldsymbol{I}$ 是 $N \times N$ 的单位矩阵。因为 $\boldsymbol{T}$ 是对称的（$t_{mn} = t_{nm}$），所以有 $\boldsymbol{T}^{\mathrm{H}} = \boldsymbol{T}^*$（* 表示复共轭），通过式（4.66）有 $N\boldsymbol{T}^{-1} = \boldsymbol{T}^{\mathrm{H}} = \boldsymbol{T}^*$，通过式（4.63）得到逆 DFT 为

$$\boldsymbol{s} = \boldsymbol{T}^{-1}\boldsymbol{S} = \boldsymbol{T}^*\boldsymbol{S}/N \tag{4.67}$$

或者，以式（4.62）的形式给出为

$$s_n = \frac{1}{N}\sum_{m=0}^{N-1} S_m \exp(2\pi\mathrm{i}mn/N) \quad (n = 0,\cdots,N-1)$$

正、逆 DFT 系数之间的共轭关系与式（1.4）和式（1.3）中傅里叶变换定义的共轭关系相似。

通过向量-矩阵表示法，可以直接得到重复采样波形的功率关系。通过式（4.63），得到

$$\sum_{n=0}^{N-1}|S_n|^2 = \boldsymbol{S}^{\mathrm{H}}\boldsymbol{S} = \boldsymbol{s}^{\mathrm{H}}\boldsymbol{T}^{\mathrm{H}}\boldsymbol{T}\boldsymbol{s} = N\boldsymbol{s}^{\mathrm{H}}\boldsymbol{s} = N\sum_{m=0}^{N-1}|s_m|^2 \tag{4.68}$$

此结果在时间和频率分量之间明显不对称，很容易在 MATLAB 实现中得到证实。还注意到，如果 $|s_m|^2$ 是由强度为 s_m 的 δ 函数定义的谱线中的功率（见 4.2.2 节），则 $\sum_{m=0}^{N-1}|s_m|^2$ 代表波形中的功率。将频谱 S 中的功率取为均方值，可通过对一个周期进行平均得到，$\int_{I_\phi}|S(f)|^2 \, \mathrm{d}f\big/\phi$。使波形和频谱的功率相等，并使用式（4.68），有 $\int_{I_\phi}|S(f)|^2 \, \mathrm{d}f\big/\phi = \frac{1}{N}\sum_{n=0}^{N-1}|S_n|^2$，或者当 $\phi = NF$ 时，

$$\int_{I_\phi}|S(f)|^2 \, \mathrm{d}f = F\sum_{n=0}^{N-1}|S_n|^2$$

（如前所述，I_ϕ 是一个周期的间隔）。这与式（4.12）中的结果非常相似；在适当的条件下，连续函数的积分可以用函数的规则样本之和乘以采样间隔来代替。

4.4.7　利用 FFT 进行有效卷积

可以通过以合适的分辨率对两个有限能量波形进行采样，并执行 2.2 节中所述的程序，对两个有限能量波形进行数值卷积（也就是说，将一个波形以时间反转的形式滑过另一个波形，将两个波形逐点相乘，并将结果相加）。这是一种近似值，与数值积分是近似值的方式相同，但通过足够精细的采样，可以使误差尽可能低。作为一个简单的示例，使

用两个波形的样本[1　3　2]和[1　3　5　6　4　2]。这些数组给出非零样本；波形是隐性无限的，所有其他样本的值都为零。将较小的序列作为滑动波形，并将其反转为[2　3　1]，可看到第一个卷积值由 $1 \times 1 = 1$ 给出，第二个由 $3 \times 1 + 1 \times 3 = 6$ 给出，等等，得到[1　6　16　27　32　26　14　4]。如果第一个序列中有 n_1 个值，第二个序列中有 n_2 个值，则卷积结果的长度为 $n_1 + n_2 - 1$，所需的（非零）乘法总数为 $n_1 n_2$。（通过注意到一个序列中的每个值在某个点与另一个序列中的每个值相乘，最容易看出这一点。）虽然本例中的计算量很小，但如果有两个长度为 10000 的实质性序列，则乘法的数量将变为 10^8，这一点更为重要。

为了减少所需的计算工作量，使用 R7b，即两个波形 u 和 v 的卷积有一个频谱，该频谱是波形频谱的乘积。因此，使用高效的 FFT 变换这两种波形，将它们的频谱 U 和 V 逐点相乘，并对结果 UV 进行逆变换，得到结果 $u \otimes v$。然而，必须考虑所需的 FFT 及其逆（IFFT）的阶数。首先，使用的波形必须有相同的长度，以便其 FFT 的结果具有相同的长度，并且可以相乘。其次，注意到，卷积序列 $w = u \otimes v$ 的长度 $n_{12} = n_1 + n_2 - 1$ 大于 u 或 v 的长度。因此，w 的频谱长度必须至少为 n_{12}，以避免重叠或混叠，正如由 4.4.3 节所知，长度为 N 的离散频谱转换为 N 个样本上的周期波形。在前面的示例中，其中 $n_1 = 3$ 和 $n_2 = 6$，需要长度至少为 8 的变换，因此选择序列 $s_1 = [1\ 3\ 2\ 0\ 0\ 0\ 0\ 0]$ 和 $s_2 = [1\ 3\ 5\ 6\ 4\ 2\ 0\ 0]$。使用 MATLAB 语句，S1=fft(s1)；S2=fft(s2)；S12=S1.*S2；s12=ifft(S12)，得到结果[1.0000　6.0000　16.0000　27.0000　32.0000　26.0000　14.0000　4.0000]，与之前直接得到的结果一致。如果使用 9 阶的 FFT，在 s_1 和 s_2 中各添加一个样本 0，可以得到除多出 0 和一些 $\pm 0.0000i$ 的附加值外的相同的结果，这表明由于算术中字长有限而存在非常小的误差。

为了从这种方法中获得最大收益，最好将 FFT 阶数安排为 2 的幂。因此，将序列（通过添加样本 0）从长度 n_1 和 n_2 扩展至长度 $N = 2^m$，其中 m 是 2 的最小幂，因此 $N \geq (n_1 + n_2 - 1)$。现在必须进行三次变换，每次 mN 个乘法，加上 N 点频谱的乘积，需要 N 次乘法。总的来说，有 $N(3m+1)$ 个乘法，与 $n_1 n_2$ 相比，直接进行卷积运算。如果 $n_1 = n_2 = 2^{m-1}$，也就是说，卷积序列的长度是相等的，并且是 2 的幂，则 $n_1 + n_2 = 2^m = N$，因此满足 N 的条件，直接卷积需要 $n_1 n_2 = 2^{2m-2} = N^2/4$ 次乘法。使用三个傅里叶变换，在这方面的计算节省了 $\dfrac{N}{4(3m+1)}$ 或 $\dfrac{2^{m-2}}{3m+1}$ 次乘法。如果采用长度为 8192 的输入序列，则 $m = 14$，进而这个因子超过 95。对于 8 倍长的序列，$m = 17$，因子为 630。

如果使用与给定序列长度相同的离散变换（如有必要，补 0）执行相同的程序，就得到这些序列的循环（或周期性）卷积。因此，如果取 $s_1 = [1\ 3\ 2\ 0\ 0\ 0]$ 和 $s_2 = [1\ 3\ 5\ 6\ 4\ 2]$，得到 S_1、S_2，进而得到 S_{12} 和 s_{12}，得到结果[15.0000　10.0000　16.0000　27.0000　32.0000　26.0000]。这就是如果通过将最后两项（14 和 4）加在前两项（1 和 6）上，缩短 8 点变换给出的完整卷积。这是因为乘积频谱的 6 点采样给出一个以 6 倍间隔重复的波形，因此两个序列的线性卷积结果将与自身重叠。通过将序列[1　3　2]与 s_2 的重复形式进行卷积，并取结果的一个周期，也可以直接在时域中获得该结果。

4.5　小结

本章使用规则和对技术研究了周期波形的三个方面。在 4.2 节中，注意到这些波形的合适度量是功率而不是能量，对应于帕塞瓦尔定理给出的有限能量波形的能量表达式，推导出周期波形功率的表达式。对于采样的有限能量波形，也得到了相对应的结果。在找到 DFT 频谱与输入数据之间的关系后，将获得用于 FFT 的采样周期函数的结果。

接下来，考虑使用规则和对方法对周期波形进行傅里叶级数分析。在它的基本形式中，这是非常直接的，但是它给出了一个复指数函数的和，这可能不是最方便的形式。对于实函数，通常需要傅里叶级数将其表示为实函数、正弦和余弦之和，而不是复指数。4.3 节展示了如何在没有显性积分的情况下获得实周期函数的傅里叶级数系数，并通过分析方波、锯齿波、三角波和整流正弦波来说明该方法。

第三个主题是离散傅里叶变换，离散波形的傅里叶变换。在一般情况下，变换是连续函数，在规则采样波形的情况下，变换是周期性的。如果需要一个采样的频谱，这就是周期波形的变换，FFT 就是这样。利用规则和对给出了 DFT 理论，并推导了频谱样本值与输入数据样本之间的关系。理论中使用的一些结果在附录中得到了证明。通过关注波形，辅以图解说明，规则和对的使用，可能有助于阐明所使用的思路。

附录 4A：时间限制波形的频谱

将时间限制波形 $p(t)$ 定义为在某个有限时间间隔之外没有能量的波形。因此，对于该波形，存在一些 T，使得 p 在区间 $[-T/2, T/2]$ 之外为 0。对于这种波形，当以 T（或更大）的间隔重复波形时，没有重叠。如果频谱类似地受到限制（在这种情况下，频率是有限的），这将是理想的，因为如果频谱 $P(f)$ 是必须的，但只有 $\mathrm{rep}_\phi P(f)$ 可用，那么 $\mathrm{rep}_\phi P(f)$ 的一个周期精确地包含 $P(f)$，没有重叠，而非其他。不幸的是，时间限制波形没有频率限制的频谱－没有 ϕ，因此频谱在区间 $[-\phi/2, \phi/2]$ 之外没有能量。可以将此波形写成

$$p(t) = \mathrm{rect}(t/T)\, p(t)$$

变换成频谱为

$$P(f) = T\,\mathrm{sinc}(fT) \otimes P(f) = \int_{-\infty}^{\infty} \mathrm{sinc}\big((f - f')T\big)\, P(f')\, \mathrm{d}f' \tag{4A.1}$$

从这个方程的右边可以看到，频率 f' 处的谱分量 $P(f')\mathrm{d}f'$ 分布在整个频率范围内，对总卷积积分贡献 $P(f')\mathrm{d}f'\,\mathrm{sinc}(f - f')$。尽管随着 $f \to \pm\infty$，sinc 函数的幅度逐渐减小，但不存在有的频率处没有能量，而且，尽管可能存在 P 值为 0 的单点，但如果不存在 P[在式（4A.1）的右侧]处处为 0，就不存在 P[在式（4A.1）的左侧]为 0 的区间。得出结论，一个时间有限的波形有一个频率无限的频谱，当波形重复时，总是会有一定程度的重叠（或混叠）。然而，由于频谱总是在足够大的频率值（正数和负数）时消失，因此会有频率 ϕ，出于实际目的，在 $\pm\phi/2$ 之外有可以忽略不计的能量和可忽略不计的重叠。

附录 4B：重复周期的限制

假设给定的时间序列，采样间隔为 τ，由 $\mathrm{comb}_\tau\, p(t)$ 给出，其中 p 是已采样的连续函数。对于实验数据，p 是一个未知的隐函数。然后将 u 定义为以 T 为间隔重复这个序列得

到的波形，因此 $u(t) = \text{rep}_T\left(\text{comb}_\tau\, p(t)\right)$。图 4B.1（a）所示波形，其中 $T = (m+\alpha)\tau$，m 为整数，$0 < \alpha < 1$。可看到，在此例中，u 不是 $\text{rep}_T(p)$ 的一种规则采样形式。如图 4B.1（b）所示，u 的频谱由 $U(f) = F\phi\,\text{comb}_F\left(\text{rep}_\phi\, P(f)\right)$（其中，$F = 1/T$ 和 $\phi = 1/\tau$）给出。此例中，可看到，尽管 $\text{rep}_\phi P$ 是周期性的，但 U 不是周期性的，因为 P 连续重复的谱线出现在波形中的不同点。（严格地说，如果 α 是有理分式，尽管不是间隔 F，U 也是周期性的。）注意到，根据 T 和 τ 之间倒数的关系，有 $\phi = (m+\alpha)F$。如果希望频谱是真正的周期性的，那么所有长度为 ϕ 的间隔都包含同一组 δ 函数，然后必须有 $\alpha = 0$（即频谱的周期必须是谱线间隔的整数倍）。类似地，波形的周期必须是（相同的）采样间隔的整数倍，以便每次重复的样本位于单个 comb 序列上。

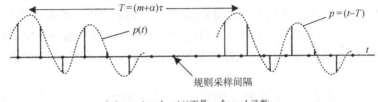

（a）$\text{rep}_T\left(\text{comb}_\tau\, p(t)\right)$ 不是一个 comb 函数

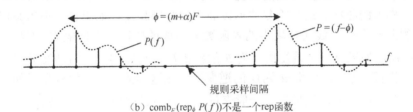

（b）$\text{comb}_F\left(\text{rep}_\phi\, P(f)\right)$ 不是一个 rep 函数

图 4B.1　重复周期与采样间隔非整数比的影响

如果 rep 算子的周期是时间序列 $\text{comb}_\tau(p(t))$ 采样间隔的整数倍，那么无论重复采样波形还是采样重复波形，都会得到相同的结果。无论重复波形是否重叠，都是这种情况。因此，有

$$\text{rep}_T\left(\text{comb}_\tau\, p(t)\right) = \text{comb}_\tau\left(\text{rep}_T\, p(t)\right)$$

如图 4B.1（a）所示，如果 T/τ 不是整数，则情况并非如此。在展开 comb 和 rep 函数时，等式两边的 $\delta(t - k\tau)$（$t = k\tau$ 处的谱线）系数（在一个常数内）表示为

$$\cdots + p\left((k+m)\tau\right) + p(k\tau) + p\left((k-m)\tau\right) + p\left((k-2m)\tau\right) + \cdots$$

或者

$$\sum_{n=-\infty}^{\infty} p\left((k+nm)\tau\right)$$

其中，$T = m\tau$。

因此，如果（且仅当）rep 运算符以 comb 函数采样间隔的整数倍的间隔重复，则 rep 和 comb 可交换。

第 5 章 采 样 定 理

5.1 引言

本章使用规则和对的符号与技术推导出几个采样定理的结果，在某些情况下，这些推导可以非常简洁地完成。实际上，这里的宽带（或基带）采样定理和窄带（或 RF 和 IF）波形的希尔伯特采样定理都是基于 Woodward 的推导得到的[1]。Brown 分析了另外两种窄带采样技术——均匀采样和正交采样[2]，但这些结果在这里用 Woodward 的方法更容易获得，并且已经扩展到可以显示什么采样率是可以接受的，而不仅仅是给出 Brown 所提出的最低采样率。

Woodward 的技术是将给定波形 u 的频谱 U 以重复的形式表示出来，然后对其进行选通以再次获得频谱。得到的恒等式的傅里叶变换表明，适当插值后，波形可以表示为一组大小等于波形样本的脉冲。这与重复波形以获得线状谱相反：如果有一个重复周期为 T 的波形，可以得到一个由谱线（频域中的 δ 函数）组成的频谱，其间隔 $F=1/T$，包络 U 为 u 的频谱。相反，如果有一个重复周期为 F 的频谱 U，可以得到一组冲激波形（时域中的 δ 函数），其间隔 $T=1/F$，包络 u 为 U 的逆变换。在这种情况下，问题在于如何将频谱精确地表示为其自身的选通重复形式。一般来说，这只能通过指定 U 在一定的频率间隔之外没有功率来完成，并且当 U 重复时不应该有重叠。（在一种情况下，如果满足条件，正交采样是允许重叠的，这适用于严格带限频谱的情况。）这种有限带宽条件不是完全可实现的，它对应于一个无限波形（见附录 4A），但可以解释为在给定的频带之外 U 应该具有可忽略的功率（而不是没有功率）。可忽略的值取决于系统，此处不进行分析。然而，这里使用的方法可以用来确定或者至少可以用来估计频谱重叠的影响，这实际上就是混叠。

Brown 的方法是将波形 u 表示为正交时间函数的展开式。实际上，这些正交函数只是 Woodward 方法的移位插值函数的集合，插值函数是频谱窗函数的傅里叶变换。有必要表明，这组函数是完整的，它随所使用的采样技术而变化。与 Woodward 的方法相比，这种方法相当复杂，Woodward 的方法可以使用复指数函数集或三角函数集的傅里叶级数的标准结果。此外，Woodward 的方法似乎更容易理解，因此可以修改或应用于其他可能的采样方法。

5.2 基本技术

首先，介绍在后续章节中用于推导采样定理结果的基本技术。因为作为最终目标的规则采样波形具有重复频谱，所以用频率间隔 F 重复给定波形 u 的频谱 U，并对该频谱进行选通（或滤波）以再次获得 U。然后，对这个恒等式进行傅里叶变换，产生一个关于波形和插值采样形式的恒等式。因为这是一个恒等式，它意味着原始波形 u 中的所有信息都包含在采样形式中。（如果需要重构模拟波形 u，还需要定义插值函数。）数学表达式为

$$U(f) = \text{rep}_F U(f)G(f) \tag{5.1}$$

$$u(t) = (1/F)\text{comb}_{1/F}(u(t) \otimes g(t)) \tag{5.2}$$

式中，$G(f)$ 是频谱窗函数；$g(t)$ 是其变换（即具有频率响应 G 的滤波器的脉冲响应）。

comb 函数由一组脉冲响应（δ 函数）组成，其间隔 $T = 1/F$，强度等于脉冲瞬时函数 u 的值：

$$\text{comb}_T u(t) = \sum u(nT)\delta(t - nT) \tag{5.3}$$

函数 g 与 δ 函数的卷积只是将 g 的原点转移到 δ 函数的位置。$T = 1/F$，由式（5.2）和式（5.3）得

$$u(t) = T\text{comb}_T u(t) \otimes g(t) = T\sum u(nT)\delta(t - nT) \otimes g(t) \tag{5.4}$$

$$= T\sum u(nT)g(t - nT)$$

当函数 g 用比例因子 T 正确插值时，清楚地描述了 u 和其采样形式之间的一致性。

本章的起点是式（5.1），随后会根据不同的情况选择合适的采样频率 F 和窗函数 G。最基本的问题是将 U 表示为其自身的选通重复形式，其中选择重复频率 F 使得不发生频谱重叠。主要关心的是确定 F，这是所需的采样率（保留所有信息并在需要时重构信号），而不太关心窗函数 G。除非 G 必须被正确定义，才能建立式（5.1）。G 的变换，插值函数 g，是对其选通形式的波形进行变换得到的，原则上可以从其采样形式中重构波形，但这通常是非必需的。5.3 节和 5.4 节（宽带和均匀采样）简单地重复了 u 的频谱。5.5 节（希尔伯特采样）也包括 u 的希尔伯特变换 $\hat{u}$ 的频谱。5.6 节（正交采样）包括 u 时延四分之一周期的形式。5.4 节和 5.6 节的采样技术适用于载波信号的窄带波形。

5.3 宽带采样

本节宽带波形 u 指的是包含从零到某一最大值 W 之间的所有频率上的能量的波形，除此之外没有其他的频谱能量。实波形有复频谱 U，频谱的共轭关于零对称，因此感兴趣的实波形在区间$[-W, W]$内有频谱（见图 5.1）。然而，分析并不局限于实波形。如果波形是复波形，仍然取频谱在这个区间之外没有能量（即 W 是最大正或负频率）。如果以 $2W$ 的区间重复此频谱，不会重叠，因为这个区间之外没有频谱能量，所以写出等式：

$$U(f) = \text{rep}_{2W} U(f)\text{rect}\left(\frac{f}{2W}\right) \tag{5.5}$$

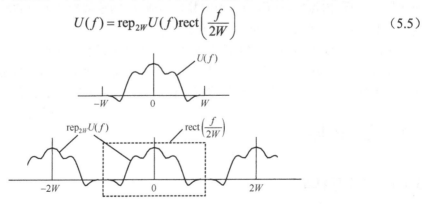

图 5.1 选通重复波形

其中，将频谱等同于频谱本身重复形式的选通部分（见图 5.1）。取傅里叶变换，得到

$$u(t) = \text{comb}_{1/(2W)} u(t) \otimes \text{sinc}(2Wt) \tag{5.6}$$

这是式（5.2）在这种采样情况下的特殊形式。这个方程表明，u 等于其本身以 $2W$ 的采样率（即间隔 $\frac{1}{2W}$）采样和正确插值；此例中的插值函数为 $\text{sinc}(2Wt)$。式（5.4）的等价形式为

$$u(t) = \sum u(nT)\text{sinc}(t - nT) \tag{5.7}$$

波形与其插值采样形式的等价性如图 5.2 所示。

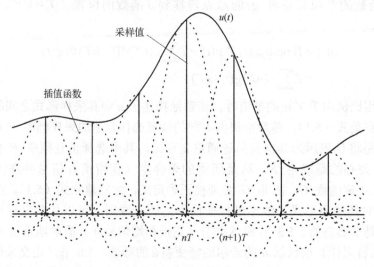

图 5.2　带插值函数的采样波形

很明显（例如，由图 5.1 可知），如果以间隔 $2W'$ 重复频谱，其中 $W' > W$，仍然可以得到以 $2W$ 或 $2W'$ 带宽选通的频谱 U。因此，任何大于 $2W$ 的采样率都是足够的。

因此，我们得到宽带采样定理：

如果一个实波形在最大频率 W 之外没有频谱能量，那么以 $2W$（或更高）的采样率对其采样，会保留波形中的所有信息。

原则上，在这种情况下，重构波形是通过使用矩形带宽低通滤波器来实现的，该滤波器的脉冲强度与采样值和采样时间成比例。在实践中，可以很容易地由采样值（只需在区间 $[nT, (n+1)T]$ 内保持 $u(nT)$ 的值为常数）形成 u 的近似形式为方脉冲波形。用低通滤波器对其平滑处理会得到一个更好的 u 的近似值。

在定理的论述中指定实波形的原因之一是复波形没有对称谱，并且可能有不同的正负频率最大值。如果需要，可以忽略"实"，并用 $|W|$ 代替 W。然而，特别有趣的是，此例只适用于正频率的单边谱。这是希尔伯特采样情况，在 4.5 节中讨论过。

5.4　均匀采样

5.4.1　最小采样率

将一个实际的窄带（或 IF）波形定义为在以载频 f_0 为中心、频带 W 之外的功率可忽

略不计的波形，其中 $W/2 < f_0$。实 IF 波形的复频谱由两个以 $\pm f_0$ 为中心的频带组成。为方便起见，如图 5.3 所示，像之前一样把它们标记为 U_+ 和 U_-。对于这样一个波形，可发现它不需要像在宽带波形中那样以最大频率（即在 $2f_0 + W$ 处）的两倍进行采样，而是以大约两倍带宽采样。

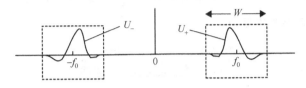

图 5.3　窄带频谱

首先限制 W 使信号频带 f_u 的上升沿是 W 的整数倍；也就是说，对于整数 k，有 $f_u = f_0 + W/2 = kW$。频带的下边缘在 $(k-1)W$ 处。当 $2f_0 = (2k-1)W$ 时，频谱可以以 $2W$ 的间隔进行重复而没有重叠，因此 $2kW$ 或 $2(k-1)W$ 移位可以将以 $-f_0$ 为中心的频带 U_- 移动至与以 f_0 为中心的频带 U_+ 相邻而没有重叠（见图 5.4）。因此，可以写出

$$U(f) = \mathrm{rep}_{2W} U(f)\left\{\mathrm{rect}\left(\frac{(f - f_0)}{W}\right) + \mathrm{rect}\left(\frac{(f + f_0)}{W}\right)\right\} \tag{5.8}$$

再次将 U 表示为其自身的选通重复形式，则上述方程的变换为

$$u(t) = \frac{1}{2W}\mathrm{comb}_{1/(2W)}u(t) \otimes W\mathrm{sinc}(Wt)\left(e^{2\pi i f_0 t} + e^{-2\pi i f_0 t}\right) \tag{5.9}$$

因此，u 等于其自身以 $2W$ 的采样率进行采样和由函数 $\mathrm{sinc}(Wt)\cos(2\pi f_0 t)$ 进行插值，该函数是以频率 f_0 为中心的带宽为 W 的理想矩形带通滤波器的脉冲响应。

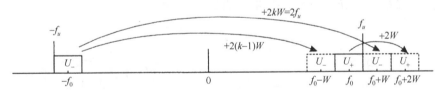

图 5.4　允许的频谱移位

现在删除与 f_0 和 W 有关的条件。注意到，如果 $W' \geqslant W$，那么在频带 $(f_u - W, f_u)$ 内的频谱也在频带 $(f_u - W', f_u)$ 内。因此，如果 W 不满足条件 $f_u = kW$（k 为整数），选择满足它的最小的 $W' > W$。更具体地说，如果 $f_u = (k + \alpha)W$，$0 \leqslant \alpha < 1$，那么选择 W' 使 $f_u = kW'$，并且可以写出 $k = [f_u/W]$，其中 $[x]$ 表示 x 中包含的最大整数。然后以 $2W'$ 的间隔再重复该频谱，产生非重叠频谱（见图 5.5），但由于 W' 和 W 的差，这次频谱间有一些 [大小为 $2(W' - W)$] 的间隙。

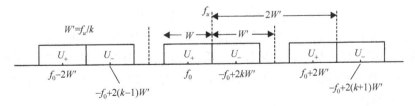

图 5.5　$\mathrm{rep}_{2W}U(f)$ 靠近 $+f_0$

　　很明显，要从图 5.5 所示的频谱部分重新获得 U，只需要使用与之前相同的窗函数 [在式（5.8）中给出，以 $+f_0$ 和 $-f_0$ 为中心，脉宽为 W] 进行选通，从而得到相同的插值函数 $\text{sinc}(Wt)\cos(2\pi f_0 t)$。实际上，Brown[2] 使用了更复杂的插值函数 $\text{sinc}(2W't)\cos 2\pi f_0' t$，其中 $f_0' = f_0 - (W'-W)/2$。这意味着使用窗函数 $\text{rect}\big((f-f_0')/W'\big)$ 也能选通得到所需的 U（见图 5.6），但是比必要的更复杂。

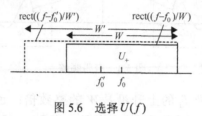

图 5.6　选择 $U(f)$

5.4.2　一般采样率

　　5.4.1 节中得到的最小采样率 $2f_u/k$ 是这样的：当形成重复频谱时（见图 5.5），频带 U_- 移位 $2kW'$ 正好在 U_+ 之上。如果 W' 增加至大于此值，该频带会在频率上向上移动，导致频带 U_- 移位 $2(k-1)W'$ 后，最终开始与 U_+ 重叠。这将定义一个（局部）最大允许采样率，当 $2(k-1)W' = 2f_l$ 时会出现这种情况，其中 f_l 是信号频带下边缘的频率（见图 5.7）。因此，允许采样率 $2W'$ 的范围在最小值 $2f_u/k$ 和最大值 $2f_l/(k-1)$ 之间。由于 k 在这里由 $f_u = (k+\alpha)W$ 定义，所以也可以得出 $f_l = f_u - W = (k-1+\alpha)W$，并且可以看到允许采样率 $2W'$ 的范围可由下式给出。

$$2f_u/k = 2(k+\alpha)W/k \leqslant 2W' \leqslant 2(k-1+\alpha)W/(k-1) = 2f_l/(k-1) \tag{5.10}$$

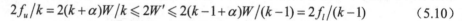
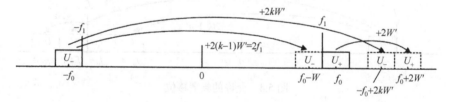

图 5.7　最大采样率

为方便起见，定义相对采样率 r 为实际采样率除以可能是最小值的 $2W$，这样允许的相对采样率 $\dfrac{2W'}{2W}$ 变成

$$(k+\alpha)/k \leqslant r \leqslant (k-1+\alpha)/(k-1) \tag{5.11}$$

或

$$1+\alpha/k \leqslant r \leqslant 1+\alpha/(k-1) \tag{5.12}$$

　　如果采样率增加至大于"最大值" $2f_l/(k-1)$，则从图 5.7 中可以看出，直到达到允许采样率的一个新的局部最小值，采样率上升到 $2f_u/(k-1)$ 时，U_- 将与 U_+ 重叠。在重叠再次开始之前，采样率现在可以增加到新的局部最大值 $2f_l/(k-2)$。一般来说，允许的相对采样率由下式给出。

$$(k+\alpha)/n \leqslant r \leqslant (k-1+\alpha)/(n-1) \quad (n=k,k-1,\cdots,1) \tag{5.13}$$

当 $n=1$ 时，只有一个最小采样率；在这种情况下，最大采样率是无界的。令 $n=k$ 表示绝对最小采样率 $1+\alpha/k$。图 5.8 阴影区域给出了允许的相对采样率，它是中心频率归一化到带宽的（多值）函数。[当 $k=1$ 和 $\alpha=0$ 时，注意到 $f_0 = f_u - W/2 = \left(k+\alpha-\frac{1}{2}\right)W$，因此其最小归一化值为 $\frac{1}{2}$。]

从图 5.8 中注意到，当 f_0/W 值较大时，允许采样率的最低范围变得非常窄。这表明在这种情况下，应仔细选择采样率，并且可能应与信号频带中的某个频率同步。最小采样率实际上由 f_u 定义，但是（从 W 的定义来看）这里没有实际的信号功率，所以使用 f_0 更方便。由式（5.12）可知，允许的相对采样率范围在 $1+\alpha/k$ 至 $1+\alpha/(k-1)$ 之间，所以 $1+\alpha\Big/\left(k-\frac{1}{2}\right)$ 接近它们的平均值。因此，该选择下的实际采样率为 $2W\left(k+\alpha-\frac{1}{2}\right)\Big/\left(k-\frac{1}{2}\right) = 2f_0\Big/\left(k-\frac{1}{2}\right)$。这个采样率在图中用短划线表示并且非常接近于较高值 f_0/W（即大于 $3\frac{1}{2}$）的最小采样率。

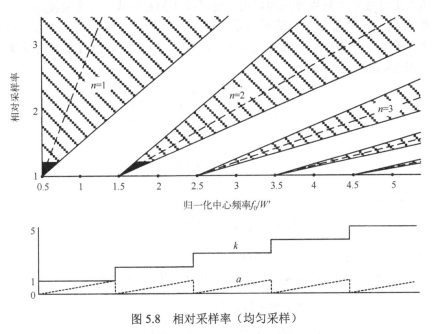

图 5.8 相对采样率（均匀采样）

注意到，如果 $\dfrac{f_0}{W} = \dfrac{1}{2}$，有效地得到了一个正频率带宽 W 的宽带波形（见图 5.3），正频率从 0 扩展至 W。在这种情况下，均匀采样率为 $2W$（见图 5.8），这与 5.3 节中宽带波形的结果是一致的。还注意到，该最小采样率仅对大分数带宽（W/f_0 大，则 f_0/W 小）时，才与 $2W$（当 $r=1$ 时）有大幅度不同。对于小分数带宽，例如无线电和雷达信号通常百分之几的带宽，无论是在高频（HF）、甚高频（VHF）、超高频（UHF）或微波频率下，正确采样率都非常接近 $2W$，并且将其实际设置为 $2W$ 后，采样质量的下降通常可以忽略。

最后，给出窄带波形均匀采样定理的一个简化形式，它的定义不像宽带情况下那样简洁。

如果一个实波形在以载频 f_0 为中心、带宽为 W 的频带外没有频谱能量，那么对其以 $2rW$ 的采样率进行采样后，波形中的所有信息都会被保留，其中 r 在式（5.13）中已经给出。[在式（5.13）中，k 和 α 由 $k + \alpha = f_0/W + \frac{1}{2}$ 给出，k 为整数，$0 \leqslant \alpha < 1$；k 为 $f_0/W + \frac{1}{2}$ 中最大的整数]。

注意到，对于小分数带宽，可以以速率 $2f_0 \big/ \left(k - \frac{1}{2} \right)$ 进行采样，同步中心频率，这非常接近最优解。

5.5　希尔伯特采样

给定一个实波形 u，复波形 $v = u + i\hat{u}$ 具有仅有正频率分量组成的频谱，其中 $\hat{u}$ 是 u 的希尔伯特变换，在附录 5A 进行定义。（实际上，如附录 5A 所示，希尔伯特变换需要一个宽带 90° 的相移。）对于窄带波形，3dB 耦合线定向耦合器是一个很好的希尔伯特变换器的近似，该变换器从 u 产生 $\hat{u}$。这种耦合器的两个输出是一个希尔伯特变换对，如果在处理这两个通道波形时遵守了复数算法的规则，则可以认为它形成了一个复波形。

如果 W 是以 $-f_0$ 和 f_0 为中心的频带宽度，U 在该频带之外的功率可忽略不计，那么可以看到 V 只在以 $+f_0$ 为中心、带宽为 W 的频带内，而且可以没有重叠的以 W 的间隔进行重复，如图 5.9 所示。

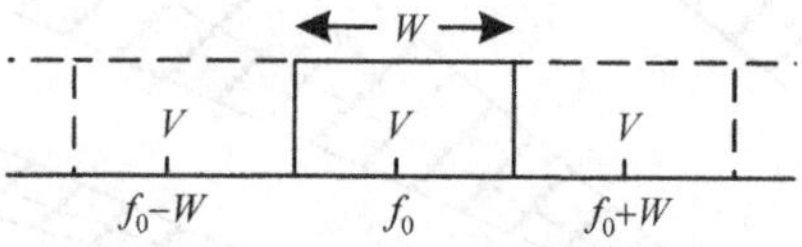

图 5.9　$\mathrm{rep}_W V(f)$ 靠近 $+f_0$

因此，可以写出等式

$$V(f) = \mathrm{rep}_W V(f) \mathrm{rect}((f - f_0)/W) \tag{5.14}$$

使用 P3b、R8a、R6b 和 R5 对其进行逆傅里叶变换，得到

$$v(t) = (1/W)\mathrm{comb}_{1/W} v(t) \otimes (W\mathrm{sinc}(Wt) \exp(2\pi i f_0 t)) \tag{5.15}$$

现在 u 是 v 的实部，所以两边取实部可以得到

$$\begin{aligned} u(t) = &\ \mathrm{comb}_{1/W} u(t) \otimes (\mathrm{sinc}(Wt) \cos(2\pi f_0 t)) \\ &- \mathrm{comb}_{1/W} \hat{u}(t) \otimes (\mathrm{sinc}(Wt) \sin(2\pi f_0 t)) \end{aligned} \tag{5.16}$$

可看到，u 等于 u 和 $\hat{u}$ 适当插值的样本的组合，样本以 $1/W$ 的间隔（即采样率为 W）采样得到。还注意到，通过从式（5.15）中取 v 的虚部，可以得到 $\hat{u}$ 的采样形式。如果以 $W' > W$ 的间隔重复该频谱，对应于以 W' 的采样率进行采样，仍然可以得到一个不重叠的频谱。这可以用一个从 W 到 W' 的任意宽度的矩形窗函数进行选通以再次得到 V。因此，可得到希尔伯特采样定理，它比同类型波形的均匀采样定理更简单：

如果一个实波形 u 在以载频 f_0 为中心、带宽为 W 的频带之外没有频谱能量，那么以

采样率 W（或更高）对它和它的希尔伯特变换 $\hat{u}$ 采样之后，波形中的所有信息都会被保留。（复样本对应于 u 的解析波形，其实部和虚部分别为 u 和 $\hat{u}$ 的采样值）。

注意到，与均匀采样或正交采样（一种希尔伯特采样的近似，见 5.6 节）不同，希尔伯特采样的采样率与 f_0 无关。正如 Woodward 所指出的那样，周期为 T、带宽为 W 的实波形都（至少）需要 $2WT$ 的实数值来完全指定它。在希尔伯特采样中，或以 $2W$ 的采样率（如宽带采样给出的那样，或者如均匀采样或正交采样的最小采样率）进行实采样，或以 W 的采样率进行复采样（每个实部和虚部都包含两个实数值）。可以说，波形的规格需要 $2WT$ 的自由度。

5.6 正交采样

5.6.1 基础分析

如果用正交耦合器或其他任何方法来产生窄带波形的希尔伯特变换不方便或不实用，那么可以通过将相同载频的信号时延四分之一周期来获得对其变换波形的近似。这是因为希尔伯特变换等价于 $\pi/2$ 弧度的时延（对于所有频率分量，见附录 4A），所以四分之一周期的时延在中心频率处是正确的，对于靠近中心频率的频率也几乎是正确的。分数带宽越小，这个近似就越好。由于这是希尔伯特变换的一种近似，因此，以 W 的采样率（希尔伯特采样率）采样通常不会对波形进行充分的采样（以保留它包含的所有信息）。然而，将看到，该方法通过补偿相位变化，实际上是正确采样的，但与希尔伯特采样相比，需要更高的采样率，这取决于带宽与中心频率之比（类似于均匀采样的情况）。

如果 $u(t)$ 是基本波形，其频谱为 $U(f)$，那么它的时延 $u(t-\tau)$ 的频谱为 $U(f)\exp(-2\pi i f\tau)$。如果以间隔 W 重复 u 的频谱，对应于以采样率 W 进行采样，将得到一个重叠的频谱，当频谱选通后，一般不等于 U。然而，适当的将 u 和它的时延的重复频谱进行组合可以在选通之后得到 U。我们先设定 $2f_0 = kW$ 的条件，其中 k 为整数，这样当重复时，u 的频谱的两部分会完全重叠，u 的时延的频谱的两部分也会完全重叠（见图 5.10）。

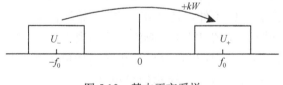

图 5.10 基本正交采样

如果 τ 被正确选择，U 的恰当的表达式为

$$U(f) = \frac{1}{2}\{\mathrm{rep}_W U(f) + \exp(2\pi i f\tau)\mathrm{rep}_W[U(f)\exp(-2\pi i f\tau)]\}$$
$$\times\{\mathrm{rect}(f-f_0)/W + \mathrm{rect}(f+f_0)/W\} \tag{5.17}$$

（注意到，如果时迟在中心频率处为 $\frac{1}{4}$ 周期，$\tau = \frac{1}{4f_0}$，则 $U(f_0)\exp(-2\pi i f_0\tau)$ 是 90°移相或希尔伯特变换分量。）为了验证式（5.17）中的表达式，我们考虑 $f_0 - W/2 < f < f_0 + W/2$

频率范围内的正频率频谱选通的输出。在这个区间内，由于频谱的负频率部分重叠，对于某个整数 k，频谱向上移动 $2f_0$ 或 $2kW$，

$$\frac{1}{2}\{U(f)+U(f-2f_0)+\exp(2\pi if\tau)[U(f)\exp(-2\pi if\tau)$$
$$+U(f-2f_0)\times\exp(-2\pi i(f-2f_0)\tau)]\}$$
$$=U(f)+\frac{1}{2}U(f-2f_0)\{1+\exp(4\pi if_0\tau)\} \tag{5.18}$$

$$\left(f_0-\frac{W}{2}<f<f_0+\frac{W}{2}\right)$$

如果选择 τ 使得 $4f_0\tau=1$，或者更一般地说，如果 $4f_0\tau=2m+1$，其中 m 是整数，那么这就是所需要的 $U(f)$。同样的条件下，如果考虑负频率窗的输出，只需将 f_0 替换为 $-f_0$。因此，所需的时延被视为载波四分之一波长的奇数倍或者中心频率 f_0（即在最简单的情况下，为 $\frac{1}{4}$ 个周期）。对式（5.17）中 $U(f)$ 的表达式进行（逆）傅里叶变换，有

$$u(t)=\frac{1}{2}\{(1/W)\mathrm{comb}_{1/W}u(t)+\delta(t+\tau)$$
$$\otimes(1/W)\mathrm{comb}_{1/W}u(t-\tau)\}\otimes 2W\phi(t) \tag{5.19}$$
$$=\mathrm{comb}_{1/W}u(t)\otimes\phi(t)+\mathrm{comb}_{1/W}u(t-\tau)\otimes\phi(t+\tau)$$

式中，ϕ 是插值函数。它由频谱窗函数 Φ 的（逆）傅里叶变换得到，由下式定义。

$$2W\Phi(f)=\mathrm{rect}[(f-f_0)/W]+\mathrm{rect}[(f+f_0)/W] \tag{5.20}$$

因此，

$$2W\phi(t)=W\mathrm{sinc}(Wt)[\exp(2\pi if_0t)+\exp(-2\pi if_0t)]$$

或

$$\phi(t)=\mathrm{sinc}(Wt)\cos(2\pi f_0t) \tag{5.21}$$

这种插值函数也出现在均匀采样情况[见式（5.9）]和希尔伯特采样情况[见式（5.16）]。式（5.19）表明，实波形 u 等于两个波形之和：波形 1 是对 u 以间隔 $1/W$（即以 W 的采样率）进行采样、用函数 ϕ 进行插值得到的波形；波形 2 是对 u 时延四分之一周期后的波形进行采样、用 ϕ 超前四分之一周期的函数形式进行插值得到的波形。

为了消除与 W 和 f_0 有关的条件，选择 $W'\geqslant W$ 使得 $2f_0=kW'$，其中 $k=[2f_0/W]$，取 $2f_0/W$ 中最大的整数。然后以间隔 W' 重复频谱，这相当于以 W' 的采样率进行采样，但是可以保持相同的频率窗函数，因此也可以保持相同的插值函数。如果 $2f_0/W=k+\alpha$，相对于最小可能采样率（等于带宽 W），所需的最小采样率为 $r=W'/W=1+\alpha/k$。这个最小采样率绘制在图 5.11 中，它是 Brown 给出的采样率[2]。

如果 W' 增加到更大的值，使得当 n 为整数、$n<k$ 时，有 $2f_0=nW'$，可以再次得到能保留波形信息的采样率，这些在图 5.11 中用短划线表示。实际中，可以通过将 W' 与 $2f_0$ 的约数（对于最小采样率，理想情况下为 k）同步来获得所需的采样率。

5.6.2　一般采样率

与均匀采样的情况不同，到目前为止确定的所需采样率都是精确的（见图 5.11），而不是带内采样率（见图 5.8）。这是因为时延被选定为 f_0 的四分之一周期（或奇数个四分之一

周期）。事实上，在式（5.18）中用 kW'（其中，kW' 是以 $-f_0$ 为中心的 U_- 到以 $+f_0$ 为中心的 U_+ 的频移）代替 $2f_0$ 后，看到要满足的条件是 $2kW'\tau = 2m+1$（m 为整数）。如果把时延 τ 与采样率 W' 联系起来，而不是直接与 f_0 联系起来，那么会有更多的选择 W' 的自由度。在图 5.12（a）中，给出了函数 $\operatorname{rep}_W U_-$ 的部分图像，$-f_0$ 处的信号频带以间隔 W 进行重复，在 $+f_0$ 的区域中，$2f_0$ 不是 W 的整数倍。如果考虑该频谱与带宽为 W 的频带重叠的部分，可以看到这是 U_- 的部分移位 kW 和 $(k+1)W$ 混合的结果。如果当移位 kW 时，时延可以正确地使 U_- 消失，那么当移位 $(k+1)W$ 时，它就不太正确了，并且会出现少量的频谱重叠。

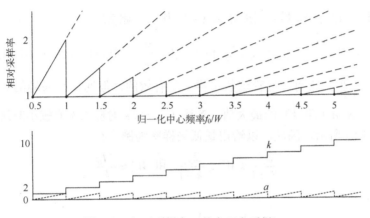

图 5.11　相对采样率（基本正交采样）

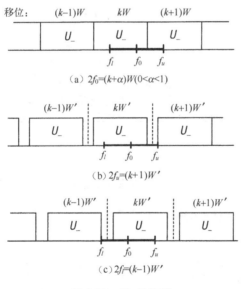

(a) $2f_0=(k+\alpha)W(0<\alpha<1)$

(b) $2f_u=(k+1)W'$

(c) $2f_l=(k-1)W'$

图 5.12　U_- 的位移

　　避免这种情况的最小重复率如图 5.12（b）所示，其中 W'（$>W$）可以使 $(k+1)W'$ 移动 U_- 刚好超出选通区域（在 f_l 和 f_u 之间）。因为 $W'>W$，宽度为 $W'-W$ 的间隙现在出现在 U_- 的重复版本之间。W' 所需的最小值由 $(k+1)W'=2f_u$ 给出。[实际上，为了使 n 为整数且 $n<k$ 时，有 $(n+1)W'=2f_u$，其他局部最小采样率是由 W' 给出的。]在图 5.12（b）中，注意到 U_+ 所占用的部分信号频带（在 f_l 和 f_u 之间）没有重叠，在这种情况下没有问

题，并且部分频带有移位 kW' 的 U_- 的重叠。如前文所述，在式（5.18）中用 kW' 代替 $2f_0$，表明时延必须满足 $2kW'\tau=1$。因此，在 W' 的条件下，可发现 $\{4kf_u\cdot/(k+1)=1\}\tau$ [即时延应该是信号频带 f_u 上升沿四分之一周期的 $(1+1/k)$ 倍，或是其奇数倍]。

如果进一步提高采样率，就会达到如图 5.12（c）所示的条件，其中移位 $(k-1)W'$ 的频带 U_- 刚好到达选通频带的下降沿。此时 $(k-1)W'=2f_l$（或者，更一般地说，$(n-1)W'=2f_l$，n 为整数且 $n\leqslant k$）。所需的时延是信号频带 f_l 下降沿四分之一周期的 $(1-1/k)$ 倍（或是其奇数倍）。

综上所述，最小和最大相对采样率 W'/W 通常（$n\leqslant k$）由 $r_m=\dfrac{2f_u}{W(n+1)}$ 和 $r_M=2f_lW(n-1)$ 给出，其中 $f_u=f_0+\dfrac{W}{2}$ 和 $f_l=f_0-\dfrac{W}{2}$；中心采样率（非常接近于这两者的平均值）为 $r_c=\dfrac{2f_0}{nW}$。然而，尽管这些采样率是有效的，但通常感兴趣的是使采样率尽可能低，这相当于取 n（即 k）的最大值。实际上，$n<k$ 对应于 k 值较小时这些特定直线的连续性，如图 5.13 所示。因此，以给出最低采样率为例，有

$$\frac{2f_u}{k+1}\leqslant W'\leqslant \frac{2f_l}{k-1}\quad 和\quad W'\approx\frac{2f_0}{k} \tag{5.22}$$

对应的时延值为

$$\frac{k-1}{4kf_l}\leqslant\tau\leqslant\frac{k+1}{4kf_u}\quad 和\quad \tau\approx\frac{1}{4f_0} \tag{5.23}$$

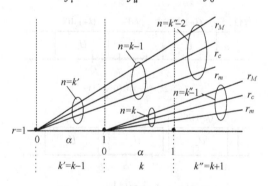

图 5.13　相对采样率变化曲线

通过式（5.22）和 $2f_0=(k+\alpha)W$，对于 $2f_u$ 和 $2f_l$，令 $2f_0\pm W=(k+\alpha\pm1)W$，得出相对采样率 $r=W'/W$ 为

$$1+\frac{\alpha}{k+1}\leqslant r\leqslant 1+\frac{\alpha}{k-1}\quad 和\quad r\approx 1+\frac{\alpha}{k} \tag{5.24}$$

注意到，如果 $\alpha=0$（即 $2f_0/W$ 为整数），则 $r=1$，且此时正交采样和希尔伯特采样一样好。

图 5.14 中阴影区域给出了相对于带宽 W 的允许采样率。最大和最小采样率 r_M 和 r_m 定义了边界，中心采样率 r_c 如图 5.14 中的短划线所示。从图 5.14 中注意到，在 $2W$ 以上没有不允许的采样率。这是因为当 U_- 重复形式之间的间隔变成 $2W$ 时，在选通间隔内是不可能有多于一个的 U_- 重复的部分[见图 5.12（b）或图 5.12（c），$W'\geqslant 2W$]，因此，如果正确选择了时延，则可以将此区间中 U_- 的贡献删除。[通过令 $x=f_0/W=(k+\alpha)/2$ 和令

$n = k - 1$ 时的 r_m 与 $n = k$ 时的 r_m 相等，其中 $\alpha = 2x - k$，可发现这些直线在 $x = k + \dfrac{1}{2}$ 处相交，并且 r 的一般值为 2，如图 5.14 所示。]

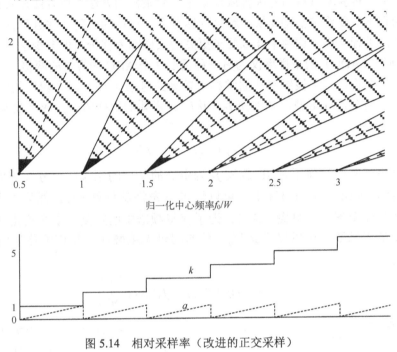

图 5.14　相对采样率（改进的正交采样）

对于实际的最小采样率 $\dfrac{k+1}{4kf_u}$，由于所需的时延不再正好是载波的四分之一周期（或奇数个四分之一周期），因此在图 5.14 的标题中，这种采样被称为改进的正交采样。然而，由于它们要求时迟与 f_u 的四分之一周期成比例，因此图 5.14 中给出的一般采样率在实践中可能不太方便，这可能不如图 5.11 假定的选择 $\dfrac{1}{4f_0}$ 那么容易。实际上，中心采样率 $2f_0/k$（图 5.14 中用短划线表示）确实需要这种更合适的时延，且对于小分数带宽（更大的 f_0/W 值），可看到这接近最小采样率。

因此，现在可以表述一个正交采样定理：

如果一个实波形 u 在以频率 f_0 的载波为中心、带宽为 W 的频带之外没有频谱能量，那么以 rW[其中，r 在式（5.24）中给出，时延（接近于 f_0 的四分之一周期）在式（5.23）中给出]的采样率对它和它的时延版本进行采样之后，波形中的所有信息仍会被保留。采样值是复数，实部是 u 的采样值，虚部是它的时延形式的采样值，对应于由 u 推导出的解析波形的采样值，等价于希尔伯特采样。

5.7　低 IF 解析信号采样

载频为 f_0 的信号 $u(t)$ 可以写成 $u(t) = a(t)\cos(2\pi f_0 t + \phi(t))$，并且，至少在原理上，可以推导出它的希尔伯特变换为 $\hat{u}(t) = a(t)\sin(2\pi f_0 t + \phi(t))$，以及复数形式 $u(t) + \mathrm{i}\hat{u}(t) = a(t)\exp\mathrm{i}(2\pi f_0 t + \phi(t))$。该信号中的信息包含在幅度函数 $a(t)$ 和相位函数 $\phi(t)$

中，并且数字信号处理所需的是解析信号 $a(t)\exp(i\phi(t))$ 的数字形式。这由之前讨论过的希尔伯特采样和正交采样给出，特别是从寻找保存所有信号信息所需的最小采样率的角度。本节给出了另一种获取解析信号采样或复基带信号采样的方法。该方法在实践中更容易被实现，因为它不需要希尔伯特变换或精确的四分之一周期的时延，并且只在一个通道而不是两个通道内进行采样，这种采样以要求更高的采样率为代价，但至少这种单个采样设备或模/数转换器（ADC）的采样率仅为另一种需要 2 个 ADC 的方法的两倍。

该方法需要将信号载波频率从通常相对较高的射频（RF）降为较低的中频（IF）。为了避免频谱的两个部分重叠，必须使 $f_0 \geqslant W/2$。需要的采样值是对应于复基带波形 $V(f)$ 的，$V(f)$ 表示为

$$V(f) = 2U_+(f+f_0) \tag{5.25}$$

它是以零频率（基带）而不是 IF 载波 f_0 为中心的频谱的正频率部分（等效复波形的频谱）。可看到，在给定 U 的情况下，可以通过首先将 U 位移 $-f_0$，然后用 $2\text{rect}(f/W)$ 对其进行选通从而得到 V（见图 5.15）。为了获得频谱中的重复元素和给出与采样值相对应的时域中的 δ 函数，可以以 $F \geqslant 2f_0+W$ 的间隔无重叠地重复该位移后的 U 的频谱，这样可得到

$$V(f) = \text{rep}_F[2U(f+f_0)]\text{rect}\left(\frac{f}{W}\right) \tag{5.26}$$

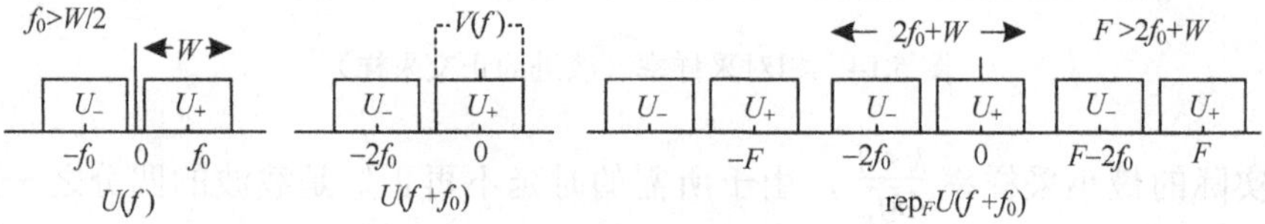

图 5.15 低 IF 采样频谱

用 P3b、R8a、R6b、R5 和 R7b 对其进行（逆）变换，有

$$v(t) = \frac{2W}{F}\text{comb}_{1/F}[u(t)\exp(-2\pi i f_0 t)] \otimes \text{sinc}(Wt) \tag{5.27}$$

因此，通过对实 IF 波形 u 乘以复指数 $\exp(-2\pi i f_0 t)$ [即在信号中心频率 f_0 处用复本振（LO）下变频至基带之后]进行采样，可以得出解析的复基带波形。（同样，原则上，为了产生这种波形，用 sinc 函数对得到的采样值以 $T = 1/F$ 的间隔进行插值，其中采样率 F 为 $2f_0+W$ 或更高。）事实上，不需要以连续的形式提供这种 LO 波形，正如注意到，

$$\text{comb}_{1/F}[u(t)\exp(2\pi i f_0 t)] = \sum_{n=-\infty}^{\infty} u(n/F)\exp(-2\pi i n f_0/F)\delta(t-n/F) \tag{5.28}$$

并且可看到，用 u 的采样值乘以复指数的采样形式。在 IF 载波为 $f_0 = W/2$ 和采样率 F 为最小值 $2W$ 的情况下，可看到 F 仅为 $4f_0$，采样的复 LO 值由 $\exp(-\pi i n/2)$ 或 $(-i)^n$ 给出（即只是将 u 的实样本乘以 1、$-i$、-1 和 i 的循环，这是一种特别的下变频形式）。这给出一个以采样率 $4f_0$ 进行采样的复采样值序列，其实际上为实数（虚部为 0）或虚数（实部为 0）。

如果 IF 大于 $W/2$（高达 $3W/2$），那么可以在较小的间隔 $2f_0+W$ 内重复该频谱，而不

是 $4f_0$，但在这种情况下，复杂的下变频因子并不是那么简单（由 $\exp\left(-\pi in\bigg/\left(1+\dfrac{W}{2f_0}\right)\right)$ 给出），通常使复采样值的实部和虚部都不为 0。如果载频并不是太高，则可优先选择 $4f_0$ 采样率的简化形式，即使其不是最小采样率。

如果 IF 明显高于带宽，则可以使用较低的采样率来避免重叠，如 5.4 节均匀采样中所述，该方法就是一个例子。使用 5.4 节中的符号，最低的 IF 情况对应于 $f_u = W$ 和 $k = 1$。对于更高的 IF 值，有 $f_u = f_0 + W/2 = kW'$，其中 W' 是使得 f_u/W' 为整数 k 的大于（或等于）W 的最小值。那么所需的最小采样率是 $2W' = (2f_0 + W)/k$，复下变频因子是 $\exp(-2\pi if_0 nT)$，其中 $T = \dfrac{1}{2W'}$，从而得到因子 $\exp\left(-\pi ikn\bigg/\left(1+\dfrac{W}{2f_0}\right)\right)$。同样，这是一种难以应用的形式，但如果选择如 4.4 节所述的略高的采样率 $2f_0\bigg/\left(k-\dfrac{1}{2}\right)$，那么下变频因子简化成 $\exp\left(-\pi in\left(k-\dfrac{1}{2}\right)\right)$ 或 $-i^n$（k 为奇数）和 i^n（k 为偶数）。然而，如 5.8 节将讨论的，在高的 IF 上以有限窗宽进行采样可能需要谨慎，通常最好保持低的 IF。

5.8 高 IF 采样

如果以相对较高的 IF 进行采样，则与载波周期相比，获得波形采样所花费的时间可能会变得很长。在我们的模型中，采用了一个在短时间间隔 τ 内对波形进行积分的装置，所记录的采样值是该时间间隔内的平均波形值，即用积分除以 τ。该值与平滑后的对平滑后的波形[平滑函数为 $(1/\tau)\mathrm{rect}(t/\tau)$]进行瞬时采样并积分（即用 rect 函数生成该波形的卷积）得到的值相同。因此，如果用 u 表示该波形，则采样值实际对应的波形 v 可以表示为

$$v(t) = u(t) \otimes (1/\tau)\mathrm{rect}(t/\tau) \tag{5.29}$$

其频谱为

$$V(f) = U(f)\mathrm{sinc}(f\tau) \tag{5.30}$$

图 5.16（a）中对 V 和 U 的频谱进行了对比，U 的频谱如矩形频带所示（仅在正频率区域）。当载波频率 f_0 较低时，与 $1/\tau$（τ 是载波周期的一小部分）相比，在位置"a"处，信号频带上存在相对适度的失真。当中心频率较高时，位置"b"（显示为较大带宽）失真更为严重。在位置"c"处，窗口为 f_0 的一个周期（$f_0\tau = 1$），失真严重且完全不可接受。然而，在位置"d"处，当 sinc 函数接近一个平稳值时，失真非常小。这时 $f_0\tau = 1.434$，因此对于低失真结果，窗口 τ 大约应该是载波的 1.4 个周期。

尽管这可能很有趣，但可能不太实际。这在一定程度上是因为 1.4 个周期的时间可能在实际中并不准确，其将响应移动至频谱的一个更失真的部分，但 rect 函数的精确性可能也不好，从而将频谱在这一点上修改为可能有相当大的斜率的形式。

如果探索什么窗对于积分是理想的，注意到，如果用 $w(t)$ 代替式（5.29）中的 rect 函数来表示窗的形状，信号频谱将乘以其变换 $W(f)$ 代替式（5.30）中的 sinc 函数。理想情况下，希望其在频带 U 内平坦，且在频域内需要一个 rect 函数和在时域内需要一个 sinc

函数窗。如果选择 $w(t)=(1/\tau)\operatorname{sinc}(t/\tau)$ ，则 $W(f)=\operatorname{rect}(f\tau)$ 。如图 5.16（b）所示，它的值为 1 至 $\frac{1}{2\tau}$ ，为了覆盖信号频带，其必须大于 $f_0+\Delta f/2$ ，其中 Δf 为带宽。

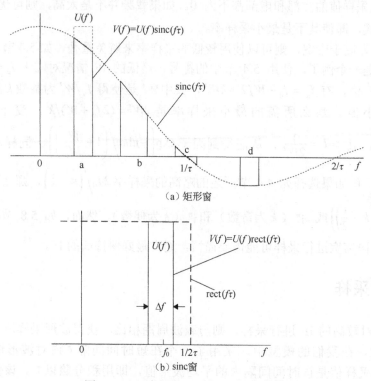

（a）矩形窗

（b）sinc窗

图 5.16　IF 波形非平凡区间采样的频谱

因此，需要 $\tau\leqslant 1/(2f_0+\Delta f)$ ，或更确切地说，小于半个载波周期。然而，要使窗对 sinc 函数有一个合理的近似，则需窗的宽度是 τ 的很多倍或超过载波的几个周期。这将是一个好的无失真的采样方式，但是很难看到如何在实际中实现这一点。

5.9　小结

本章展示了如何使用规则和对方法非常简洁地获得一些采样结果。主要目的是确定保留信号信息的最小采样率，但在某些情况下，该方法用于找到可接受的其他采样率（不一定所有采样率都高于最小值）。该方法首次应用于具有从某个最大 W 到零频率的大频谱功率的宽带信号的采样。实波形中的信息通过以 $2W$（或更高）的采样率采样来保留。第二个例子，均匀采样，适用于窄带信号，即载波上的信号，其频谱仅限于载波周围的一个频带。在这种情况下，可接受的采样率取决于带宽 W 与中心频率 f_0 之比，f_0 至少为 $2W$ 且通常更高。这种形式的采样就是这样一个例子，如果要避免失真，就不允许较高的采样率。

另一种方法是将实波形转换为以给定波形为实部的复波形。这就需要用希尔伯特变换从实部导出虚部。原则上，这既适用于宽带波形，也适用于窄带波形，尽管在实际中更有可能应用于窄带波形（下变频至复基带）。给定复波形，很快发现只需以 W（或更高）的采样率（在实和虚两个通道中）进行采样就可以得到代表该波形的复采样值。数字信号处理通常需要这种复形式。

　　希尔伯特采样似乎是一种非常令人满意的方法，但它却是依赖于提供一个良好的希尔伯特变换，这相当于 90° 的宽带（全频）相移。窄带波形希尔伯特采样的近似是正交采样，其中希尔伯特变换被基本上等于载波周期的四分之一的时延所取代。这为载波提供了 90° 的偏移，为载波附近的频率提供了接近 90° 的偏移。然而，这并不准确——信号包络在虚信道中时延，这是一种失真形式，但原则上可以通过正确的插值重建波形。尽管如此，分析表明，信号中的所有数据都可以通过以正确的速率和正确的时延进行采样来保留，但一般来说，此速率高于希尔伯特采样速率，并且，对于均匀采样，此速率取决于 W 与 f_0 的比值。此外，与均匀采样情况一样，并非所有高于最小值的采样率都是允许的。

　　最后一种方法是在低 IF 上均匀采样，采样后有效实现了下变频。这包括以四倍载波（IF）频率采样的情况，并给出了一种特别简单的方法来提供复杂的基带采样，而无须希尔伯特变换器或四分之一载波周期的时延，因此这是一种很有吸引力的实现方法。单个通道中所需的采样率至少是其他方法中两个通道所需采样率的两倍。

　　最后，考虑尝试在过高的 IF 进行采样的效果。如果采样门持续时间占载波周期的很大一部分，则会产生一定的频谱失真。使用采样模/数转换器（ADC）的简单模型可以很容易地说明这一点。然而，通过使用矩形窗或者可能不切实际地使用一个近似 sinc 函数形状的窗来仔细选择高 IF 周期与采样窗函数宽度的比值，也可以降低频谱失真。

参 考 文 献

[1]　Woodward, P. M., *Probability and Information Theory, with Applications to Radar*, Nor-wood, MA: Artech House, 1980.

[2]　Brown Jr., J. L., "On Quadrature Sampling of Bandpass Signals," *IEEE Trans.* AES-15, No. 3, 1979, pp. 366–371.

附录 5A：希尔伯特变换

　　实波形 u 有正负频率的频谱 U，所有关于它的信息都包含在一半的频谱中。（在 2.3 节已经看到负频率分量只是对应的正频率分量的复共轭。）定义一个只有正频率频谱的复函数 $v = u + i\hat{u}$，如果得到 $\hat{u}$，其频谱为 $\hat{U}$，使得 $i\hat{U}$ 在正频率时等于 U 和在负频率时等于 $-\hat{U}$。因此，给定

$$v(t) = u(t) + i\hat{u}(t) \tag{5A.1}$$

其频谱为

$$V(f) = U(f) + i\hat{U}(f) \tag{5A.2}$$

如果选择

$$i\hat{U}(f) = \begin{cases} U(f) & f > 0 \\ -U(f) & f < 0 \end{cases} \tag{5A.3}$$

且

$$\hat{U}(0) = 0$$

那么 v 的频谱可以表示为

$$V(f) = \begin{cases} 2U(f) & f > 0 \\ 0 & f < 0 \end{cases} \tag{5A.4}$$

$$V(0) = U(0)$$

根据需要，这只是一个正频率的频谱。为了找到 $\hat{u}$，从式（5A.4）中注意到，$V(f)$ 可以写成 $2U(f)h(f)$；因此，利用 P2b 进行逆变换，得到

$$v(t) = 2u(t) \otimes \left(\frac{\delta(t)}{2} - \frac{1}{2\pi it} \right) = u(t) + iu(t) \otimes \left(\frac{1}{\pi t} \right)$$

因此

$$\hat{u}(t) = u(t) \otimes \left(\frac{1}{\pi t} \right) = \frac{1}{\pi} \int_{-\infty}^{\infty} \frac{u(\tau)}{t - \tau} d\tau \tag{5A.5}$$

[通过式（5A.3），可以令 $i\hat{U}(f) = U(f)\,\mathrm{sgn}(f)$，因此，通过 P2c 和 R4，有 $i\hat{U}(f) = U(f)\,\mathrm{sgn}(f)$，直接推导出式（5A.5）]。

$u(t) = \cos(2\pi f_0 t)$ 的希尔伯特变换为 $\hat{u}(t) = \sin(2\pi f_0 t)$；这可以通过使用式（5A.5）（将 τ 视为一个复变量并使用闭合曲线积分）或更简单地通过对 $\hat{u}$ 选择函数将 u 的双线谱（在 $-f_0$ 和 $+f_0$）转换成 v 的单线谱（仅在 $+f_0$）来得到（即这使 v 变成一个单一的复指数）。在这种情况下，$v(t)$ 可表示成

$$v(t) = \cos(2\pi f_0 t) + i\sin(2\pi f_0 t) = \exp(2\pi i f_0 t)$$

因此 $V(f) = \delta(f - f_0)$，是在 $+f_0$ 处的单线谱。u 和 $i\hat{u}$ 的频谱分别为 $\frac{1}{2}(\delta(f - f_0) + \delta(f + f_0))$ 和 $\frac{1}{2}(\delta(f - f_0) - \delta(f + f_0))$，满足式（5A.3）的形式。类似地，$\sin(2\pi f_0 t)$ 的希尔伯特变换为 $-\cos(2\pi f_0 t)$，因此在这种情况下，

$$v(t) = \sin(2\pi f_0 t) - i\cos(2\pi f_0 t) = -i\exp(2\pi i f_0 t)$$

这两种希尔伯特变换都对应于 $-\pi/2\,\mathrm{rad}$ 的相移，如 $\cos(2\pi f_0 t - \pi/2) = \sin(2\pi f_0 t)$ 和 $\sin(2\pi f_0 t - \pi/2) = -\cos(2\pi f_0 t)$ 一样。这是一个实波形的所有频率分量的情况，因此可看到希尔伯特变换相当于 $-\pi/2$ 的宽带（所有频率）相移。

第 6 章　时延波形时间序列的插值

6.1　引言

这里我们考虑问题：给定一个通过对某些波形进行规则采样得到的时间序列，如何形成该波形时延版本的时间序列？显然，对于采样周期的倍数的时延而言，并没有真正的问题——我们只是从未时延波形中取正确的时延采样，而不是当前采样。所需的序列可以从以采样率计时的移位寄存器中得到。因此，剩下的问题是生成与小于采样周期的时延相对应的序列。我们只考虑对解析信号（复时间序列）进行采样，并且我们表明，如果波形的采样率高于保持其所有信息所需的最小值（见第 5 章）——即过采样的情况，那么就减少计算量而言，会带来相当大的好处。

6.2 节首先研究了在不参考波形的情况下推导出时延波形序列所需的横向滤波器抽头上的权重。因此，该滤波器适用于一般情况，在这种情况下，可以（在给定带宽内）采用任意波形，并且它的功率谱不一定已知。我们从最小采样率的情况开始，然后探索过采样波形可能产生的增益。在 6.3 节中，我们发现在时延波形的插值序列和实际序列的最小均方误差（或功率误差）意义上给出最佳序列的权重。这种误差产生的原因是，为了在原则上实现完美的插值，忽略有限字长和采样量化的实际问题，而这通常需要一个无限长的滤波器。

6.4 节和 6.5 节给出了插值的两个应用。第一个应用显示，在产生模拟雷达杂波时，计算负荷显著降低，其以脉冲重复频率（PRF，通常为几千赫兹）进行采样，远高于杂波波形的带宽（几十赫兹）。第二个应用展示了如何用插值来进行重采样——通过以与实际使用不同的采样率对信号进行采样而生成采样序列。

6.2　频谱独立插值

本节将展示如何设计能够实现所需插值的有限脉冲响应（FIR）滤波器，并使用规则和对方法轻松获得系数。通常，如果要在保持完整信息所需的最小采样率下以高保真度实现插值，需要相当长的滤波器。更有趣的是，随后考虑到波形以高于此最小值的采样率进行采样——过采样的情况，并且发现，通过利用此较高的采样率，可以在减少滤波器长度和所需的计算量方面，有相当可观的增益，实现旗鼓相当的性能。

6.2.1　最小采样率解

给定一个连续波形样本的时间序列，通过对给定样本的加权组合可以计算出该波形在其他时间的样本值。一组合适的权重将产生一个对应于以特定输入的时间间隔或时延进行采样的样本的时间序列。这将产生与波形的时延版本相对应的时间序列。序列本身没有时延，除非可能有一些采样周期的时延；否则它与输入序列是同步的。图 6.1 说明了该结构，其实际上是一个横向或有限脉冲响应（FIR）滤波器。抽头之间的时延 T 与采样周期相同，注意到，如果可以接受 nT 的总时延，则权重为 w_0 的中心抽头的输出可以看成是未时延波形。在这种情况下，可以获得（相对）负时延和正时延。（即如果除第一个权重 w_{-n} 外的所有权重均为零，那么输出序列的相对时延为 $-nT$。）将时间序列作为有限带宽的复基带波形的时间序列，对应于带宽为 F 的 RF 或 IF 波形，其频谱在频带 $-\dfrac{F}{2}$ 和 $+\dfrac{F}{2}$ 之间。

保留波形中信息的最小采样率为 F，最初将其作为时间序列的采样率，但随后从更有效插值的角度研究了以更高采样率进行采样的好处。如果信号波形为 $u(t)$，其频谱为 $U(f)$，那么可以写出等式：

$$U(f) = \text{rect}\left(\frac{f}{F}\right)\text{rep}_F U(f) \tag{6.1}$$

这说明 U 等于其自身重复形式的适当选通部分（见图 6.2）。

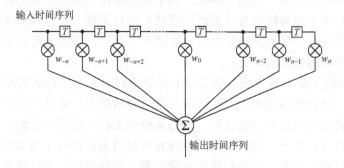

图 6.1　用于插值的 FIR 滤波器

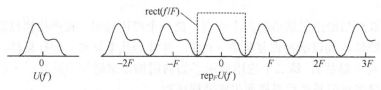

图 6.2　$U(f)$ 的等价形式

通过 P3b、R5、R7b 和 R8a，逆傅里叶变换为

$$u(t) = F\text{sinc}(Ft) \otimes \frac{1}{F}\text{comb}_{\frac{1}{F}}u(t) = \text{sinc}\left(\frac{t}{T}\right) \otimes \text{comb}_T u(t) \tag{6.2}$$

式中，T 为采样周期，$T = \dfrac{1}{F}$。函数 $\text{comb}_T u(t)$ 是一组周期为 T、强度由采样点处的波形值给出的 δ 函数[如式（2.16）定义]。将 comb 函数代入上式，使用式（2.11）与 δ 函数卷积，

$$u(t) = \text{sinc}\left(\frac{t}{T}\right) \otimes \sum_{r=-\infty}^{\infty} u(rT)\delta(t-rT) = \sum_r u(rT)\text{sinc}\left(\frac{t-rT}{T}\right) \tag{6.3}$$

式中，使用 $\sum_r$ 表明对所有整数 r 进行求和。这说明了如何从给定的 $0, \pm T, \pm 2T, \cdots$ 时刻处的样本集计算任意 t 时刻的 $u(t)$（即 $\{u(rT): r=-\infty \text{ 至 } +\infty\}$）。在每个采样点放置一个由采样值加权的 sinc 函数，并对这些波形求和（见图 6.3）。特别是，如果 $t=rT$，其中 r 为整数，那么 $\text{sinc}\big((t-rT)/T\big) = \text{sinc}(k-r) = \delta_k$，当 x 是非零整数时，有 $\text{sinc}\,x = 0$；$\text{sinc}\,0 = 1$，根

据需要，有

$$u(kT) = \sum_r u(rT)\delta_{kr} = u(kT)$$

δ_{kr} 为克罗内克-δ 函数。当 $k \neq r$ 时，$\delta_{kr} = 0$；对于所有的 k，$\delta_{kk} = 1$。

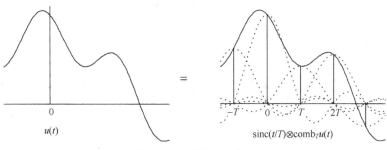

图 6.3　$u(t)$ 的等价形式

为了确定 τ 时刻（其中只需考虑 $|\tau| \leqslant \dfrac{T}{2}$）的函数值，由式（6.3）可得

$$\begin{aligned}
u(\tau) &= \sum_r u(rT)\mathrm{sinc}\left(\frac{\tau - rT}{T}\right) \\
&= u(0)\mathrm{sinc}\left(\frac{\tau}{T}\right) + u(T)\mathrm{sinc}\left(\frac{\tau - T}{T}\right) + \cdots + u(-T)\mathrm{sinc}\left(\frac{\tau + T}{T}\right) + \cdots \\
&= w_0 u(0) + w_1 u(T) + w_2 u(2T) + \cdots + w_{-1} u(-T) + w_{-2} u(-2T) + \cdots
\end{aligned} \qquad (6.4)$$

在实践中，不能精确地得到 $u(\tau)$，因为这需要无限多的项，但是对于远离插值采样时间（在中心的 $\pm \dfrac{T}{2}$ 范围内）的采样，应用的权重通常会下降（尽管不一定是单调的），因此当权重变小时，会缩减序列。权重由 $w_r = \mathrm{sinc}\left(\dfrac{\tau - rT}{T}\right)$ 给出，依赖于所需的时延 τ。实际上，我们考虑它们为 $\rho = \dfrac{\tau}{T}$ 的函数，是采样周期 T 的单位时延。（由于 sinc 函数是对称的）因此，有 $w_r(\rho) = \mathrm{sinc}(\rho - r) = \mathrm{sinc}(r - \rho)$。假定时延是尽可能通过全部采样周期的偏移来匹配的，则分数区间 ρ 在 $-\dfrac{1}{2}$ 和 $+\dfrac{1}{2}$ 之间。

插值的最坏情况是距采样值最大距离处的 $\pm \dfrac{T}{2}$ 时延。在这种情况下，应用于抽头 r（即在 rT 处的中心抽头输出的采样值）输出的插值因子或权重是

$$\begin{aligned}
w_r\left(\frac{1}{2}\right) &= \mathrm{sinc}\left(r - \frac{1}{2}\right) = \frac{\sin\left(\pi\left(r - \frac{1}{2}\right)\right)}{\pi\left(r - \frac{1}{2}\right)} \\
&= \frac{(-1)^{r+1}}{\pi\left(r - \frac{1}{2}\right)}
\end{aligned} \qquad (6.5)$$

三个不同时延值的抽头权重以分贝的形式给出，在图 6.4 中用曲线上的离散点表示。对于时延为 $0.1T$（用"+"符号表示）的情况，零时延抽头的权重接近于 1，其他权重下降十分快。当时延为 $0.5T$ 时，前两个最接近的抽头（数字 0 和 1）的权重（由点符号给出）相等，然后相当慢地下降。当时延为 $0.25T$ 时，权重模式（符号"×"）夹在上述两种时延情况中间，但更接近 $0.5T$ 的情况，下降缓慢。如果把−30dB 作为权重下限，低于该值的权重忽略不计，会发现为 $0.1T$ 时延只需要 7 个抽头，而 $0.25T$ 需要 14 个，$0.5T$ 需要 20 个。

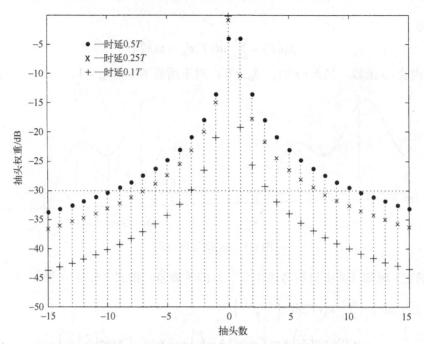

图 6.4　最小采样率下插值的 FIR 滤波器权重

6.2.2　过采样和频谱选通条件

对于带宽为 F 的（复）波形，可以在不丢失信息的情况下对波形进行采样的最小采样率是 F。（这是使用希尔伯特采样的情况；见第 5 章。对于其他形式的采样，可能需要稍微更高的采样率。）如果以更低的采样率进行采样，重复的频谱会发生重叠，并且所得到的一组样本对应于以此低采样率对略有不同的波形（波形的失真形式）进行采样的结果。这种效果称为混叠。然而，如果以高于 F 的任何采样率进行采样，则不会发生频谱混叠，并且保留了所有的波形信息，可以通过正确的插值来重构波形。这比以最小采样率采样的效率低，因为在采样过程中所做的工作比必要的要多，但可以看到它能够实现更高效的插值。

令采样率为 $F'=qF$，其中 $q>1$，则采样周期现在为 $T'=1/F'=T/q$。在这种情况下，采样波形的频谱以间隔 F' 进行重复，此间隔大于基本频谱的宽度，所以采样波形的频谱存在间隙，如图 6.5 所示。我们看到，可以将式（6.1）所对应的最小采样率的波形频谱表达式用修正后的形式表示为

$$U(f) = G(f)\mathrm{rep}_{F'}U(f) \tag{6.6}$$

式中，窗函数 G 的示例如图 6.5 所示。为了使式（6.6）成立，G 必须满足两个条件：

$$\text{当}|f|<\frac{F}{2}\text{时，}G(f)=1\text{；当}|f|>F'-\frac{F}{2}=\left(q-\frac{1}{2}\right)F\text{时，}G(f)=0 \tag{6.7}$$

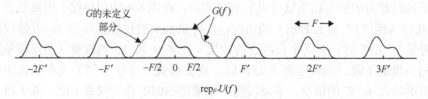

图 6.5　以采样率 F' 采样的 u 的时间序列的频谱

第一个条件是确保没有频谱失真，第二个条件是确保没有混叠（即频谱的重复部分不包含能量）。G 在区间 $\left[-\left(q-\frac{1}{2}\right)F, -\frac{F}{2}\right]$ 和 $\left[\frac{F}{2}, \left(q-\frac{1}{2}\right)F\right]$ 内没有定义（除非它必须保持有限），因为在这些区间没有频谱功率。因此，可以自由地选择任何形式的 G，只要它满足式（6.7）中的条件。在最小采样率为 F 的情况下，有 $q = 1$，因此自由选择的区间宽度为零并且 G 必须为 rect 函数，如式（6.1）所示。对于式（6.7）中的第二个条件的更一般形式，G 只需在所有的 $\left|f - nF'\right| < \frac{F}{2}$（$n$ 为 $-\infty \sim +\infty$，$n \neq 0$）区间为零（即除了 $n = 0$，所有带宽为 F 的频带都集中在频率 nF 上）。然而，这通常不是一个有用的放宽条件。

对式（6.6）做逆傅里叶变换，有

$$u(t) = (1/F')g(t) \otimes \mathrm{comb}_T u(t) = \phi(t) \otimes \mathrm{comb}_T u(t) \tag{6.8}$$

式中，插值函数为

$$\phi(t) = (1/F')g(t) = T'g(t) \tag{6.9}$$

g 是 G 的逆傅里叶变换。对 comb 函数进行展开，有

$$u(t) = \phi(t) \otimes \sum_r \delta(t - rT')u(rT')$$
$$= \sum_r \phi(t - rT')u(rT') = \sum_r w_r(t/T)u(rT')$$

因此，时延 $\tau = \rho T'$ 的权重可以表示为

$$w_r(\rho) = \phi\big((\rho - r)T'\big) \tag{6.10}$$

这种情况下的采样周期为 T'，因此最坏情况下的时延为 $T'/2$，小于最小采样率 $T/2$ 下的值，因此，插值问题有所缓解，但与选择合适的窗函数所得到的结果相比，这是很小的。在考虑这些之前，以利用过采样的窗函数的最简单形式为例（见图 6.6）。此时，$G(f) = \mathrm{rect}\left(\frac{f}{2F'-F}\right)$ 或 $\mathrm{rect}\left(\frac{f}{(2q-1)F}\right)$，由式（6.9）和 P3b、R5，可以给出插值函数为

$$\phi(t) = \frac{(2q-1)F}{qF}\mathrm{sinc}(2q-1)Ft = \frac{2q-1}{q}\mathrm{sinc}\big((2q-1)t/T\big) \tag{6.11}$$

该函数的特征宽度 $T/(2q-1)$ 比采样周期 T/q 窄，因此对给定的更低门限的抽头权重幅度，可以使用更少的抽头。由式（6.10）和式（6.11）可得，时延的 $\tau = \rho T' = \rho T/q$（$-0.5 < \rho \leqslant 0.5$）的权重为

$$w_r(\rho) = \frac{2q-1}{q}\mathrm{sinc}\left(\frac{(2q-1)(r-\rho)}{q}\right) = \frac{2q-1}{q}\mathrm{sinc}(x+y) \tag{6.12}$$

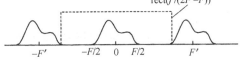

$$\mathrm{rep}_{F'}U(f)$$

图 6.6 过采样时间序列的最优矩形窗

式中，$x = (r - \rho)$ 和 $y = (q-1)x/q$。（变量 x 和 y 被用于 6.2.3 节考虑的三个进一步的窗函数所需的权重。）由式（6.12）中注意到，如果 $\rho = 0$，并且因此 $\tau = 0$，则对于所有的 r 值，$w_r(0)$

都是非零值，不像图 6.3 中所示的最小采样情况，其中，除 $w_0(0)=1$ 外，其余的 $w_r(0)=0$。因此，这种采样方法如何在采样点处产生正确的值还不是很明显，更不用说在采样点之间了。特别地，$w_0(0)=(2q-1)/q$，对于大的 q 值，它的值接近于 2。图 6.7 说明了以 $q=3$ 的过采样率对波形的平坦部分进行采样的情况。可看到，采样点处的权重为 $\frac{5}{3}$，但是来自附近采样点的插值 sinc 函数的贡献值是负，所以使值降到了单位 1 的正确电平。

式（6.12）给出的过采样率 2 和 3 的权重如图 6.8 所示，与图 6.4 中绘制的最小采样率（$q=1$）的值形成对比。两者采用同样的一组时延。这些图表明，最接近插值点的抽头（这里取中心抽头）的权重可能大于单位值，当远离该点时，权重幅度不一定单调下降，并且在给定的权重水平（如-30dB）以上需要大致相同的抽头数。起初，这最后一点可能看起来出乎意料——使用更宽的频谱窗并没有明显的好处，而且可能存在过采样。然而，抽头权重相对缓慢的下降是相对缓慢衰减的插值 sinc 函数的结果，而这反过来又是使用尖锐、不连续边缘的矩形窗的结果。这就是我们是否有过采样的情况。如果需要更少的抽头，解决方案是使用更平滑的频谱窗函数，这是 6.2.3 节的主题。

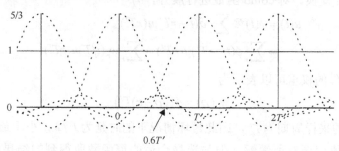

图 6.7 过采样的平滑波形

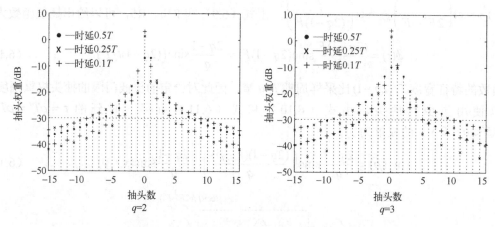

图 6.8 过采样和矩形窗的 FIR 插值的权重

6.2.3 三个频谱窗

梯形窗

第一个没有陡阶跃不连续性的 rect 函数的频谱窗的例子由梯形函数给出（见图 6.9）。

根据图 6.9 和 3.1 节，这种对称的梯形形状由两个具有合适的比例因子的矩形函数的卷积给出。这些 rect 函数宽度被选择，因此 G，如图 6.5 所示，具有最小的平顶宽度和最大宽度的斜率，延伸至以 $+qF$ 和 $-qF$ 为中心的频谱重复的边沿。未加权的 rect 函数的卷积峰值（电平值）大小为 $(q-1)F$，为较小 rect 函数的面积，因此定义 G 为

$$G(f) = \frac{1}{(q-1)F}\,\text{rect}\left(\frac{f}{qF}\right) \otimes \text{rect}\left(\frac{f}{(q-1)F}\right) \tag{6.13}$$

对其进行逆傅里叶变换，有 $g(t) = qF\,\text{sinc}(qFt)\,\text{sinc}((q-1)Ft)$，并且将 $T' = \dfrac{1}{qF}$ 代入式（6.9）中的插值函数，得

$$\phi(t) = \text{sinc}(qFt)\,\text{sinc}((q-1)Ft) \tag{6.14}$$

由式（6.8）得

$$u(t) = \text{sinc}(qFt)\,\text{sinc}((q-1)Ft) \otimes \text{comb}_{1/F'}u(t) \tag{6.15}$$

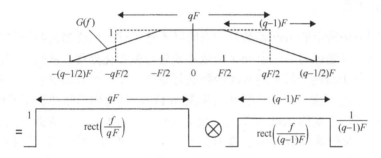

图 6.9　梯形频谱窗

插值函数 ϕ 现在是 sinc 函数的乘积，它的副瓣比简单的 sinc 函数小得多（见图 3.2）。在时间 $\tau = \rho T'$ 处插值，其中 $-0.5 < \rho \leqslant 0.5$（即 τ 是抽头间隔的一部分），考虑时间样本 r 的贡献，给出

$$w_r(\rho) = \phi((r-\rho)T') = \text{sinc}(r-\rho)\,\text{sinc}[(r-\rho)(q-1)/q] \tag{6.16}$$

令 $x = r - \rho$ 和 $y = (q-1)x/q$［见式（6.12）］，则

$$w_r(\rho) = \text{sinc}\,x\,\text{sinc}\,y = \frac{\sin X \sin Y}{XY} \tag{6.17}$$

式中，$X = \pi x$；$Y = \pi y$。如果取最坏的 $\rho = \dfrac{1}{2}$ 的情况，如 6.2.1 节所示，有 $\sin X = \sin\pi\left(r-\dfrac{1}{2}\right) = (-1)^{r+1}$，并且如果取 $q = 2$（以最小采样率的两倍进行采样），那么对于整数 r，有 $y = x/2$ 和 $\sin Y = \pm 1/\sqrt{2}$。所以抽头权重的大小为

$$\left|w_r\left(\frac{1}{2}\right)\right| = \left|\phi\left(\left(r-\frac{1}{2}\right)T'\right)\right| = \sqrt{2}\Big/\pi^2\left(r-\frac{1}{2}\right)^2 \tag{6.18}$$

将其与式（6.5）进行比较，发现权重现在下降得非常快，图 6.10 对此进行了说明，以便与图 6.4 和图 6.8 形成对比。可看到任何给定值以上的抽头数量都显著减少——高于 -30dB，例如，对于所选的三个时延，从 $q = 1$ 时的 20、15 和 7 到 $q = 2$ 时的 4、3 和 3，当 $q = 3$ 时少至 2、3 和 2。高于 -40dB 时，$0.5T$ 处所需的抽头数量在最小采样率下为 65 个，但 $q = 2$ 和 $q = 3$ 时仅为 8 个。

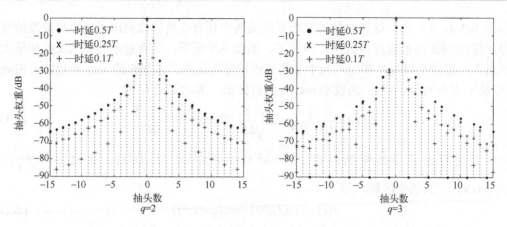

图 6.10　过采样和梯形频谱窗的滤波器抽头权重

弧形化的梯形窗

虽然不像图 6.9 所示的 rect 函数那样有阶跃不连续性，但梯形函数仍然具有斜率不连续性。梯形的角可以通过与另一个 rect 函数卷积进行弧形化处理，从而总共得到三个卷积的 rect 函数。等价于将两个较窄的 rect 函数进行组合，第一个去除阶跃性，第二个去除突然的斜率变化，一起形成一个梯形脉冲（见图 6.11），且此梯形脉冲进而弧形化最大的矩形脉冲。如前所述，主要的 rect 函数的宽度为 qF（见图 6.9），总的弧形化脉冲的基本长度为 $(q-1)F$，因为这是每边可用于弧形化的空间。让两个较短的矩形脉冲长度分别为 $\alpha(q-1)F$ 和 $(1-\alpha)(q-1)F$，其中 $0 < \alpha \leqslant 0.5$。进而，它们的卷积具有所需的长度 $(q-1)F$，如图 6.11 上半部分所示。如果这些脉冲是单位高度的，那么梯形脉冲的高度为 $\alpha(q-1)F$，即较小脉冲的面积，因此需要除以该因子以形成单位高度的梯形脉冲。（单位高度）梯形脉冲的面积 A 与较宽的矩形的面积相同，为 $(1-\alpha)(q-1)F$，当进行第二次卷积时，还必须除以这个系数，以便根据需要使 G 的高度为单位高度。因此，有

$$G(f) = \frac{\text{rect}\left(\dfrac{f}{qF}\right) \otimes \text{rect}\left(\dfrac{f}{\alpha(q-1)F}\right) \otimes \text{rect}\left(\dfrac{f}{(1-\alpha)(q-1)F}\right)}{\alpha(1-\alpha)(q-1)^2 F^2} \tag{6.19}$$

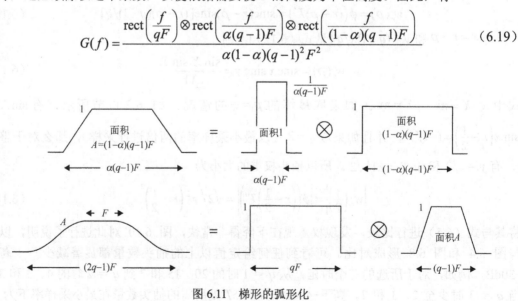

图 6.11　梯形的弧形化

插值函数 ϕ 为

$$
\begin{aligned}
\phi(t) &= \left(\frac{1}{qF}\right) g(f) \\
&= \operatorname{sinc}(qFt)\,\operatorname{sinc}(\alpha(q-1)Ft)\,\operatorname{sinc}((1-\alpha)(q-1)Ft)
\end{aligned}
\tag{6.20}
$$

跟前文一样，令 $t=(r-\rho)T'$（有 $-0.5<\rho\leqslant 0.5$），$x=qFt=r-\rho$ 和 $y=(q-1)x/q$，则

$$
\begin{aligned}
w_r(\rho) &= \phi((r-\rho)T') = \operatorname{sinc}(x)\,\operatorname{sinc}(\alpha y)\,\operatorname{sinc}[(1-\alpha)y] \\
&= \operatorname{sinc}(x)\,\operatorname{sinc}(y_1)\,\operatorname{sinc}(y_2)
\end{aligned}
\tag{6.21}
$$

式中，$y_1=\alpha y$；$y_2=(1-\alpha)y$。如果希望以正弦函数的形式表示权重，则

$$
w_r(\rho) = \frac{\sin X \sin Y_1 \sin Y_2}{X Y_1 Y_2}
$$

式中，$X=\pi x$；$Y_1=\alpha\pi y$；$Y_2=(1-\alpha)\pi y$。

如果 $\alpha=0.5$，有一个三角脉冲用于弧形化卷积，但这可能使边沿太尖锐。随着 α 的减小，梯形的形式逐渐变成 6.2.3 节考虑的矩形的情况。对于 2 和 3 的过采样率，α 的值为 $1/3$ 时，在图 6.12 中绘制了与之前相同的三个时延抽头权重。再次看到，与矩形情况相比，所需要的抽头数很少，而且正如预期的那样，权重比简单梯形情况下降得更快。

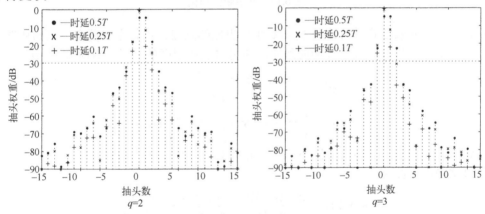

图 6.12　过采样和弧形化梯形窗的滤波器抽头权重

弧形化的升余弦窗

这里使用一个升余弦脉冲来进行弧形化，而不是梯形脉冲。该脉冲的形式为 $1+\cos(af)$，因此其最小值为零，并选通至一个周期宽度，这是所需的值 $(q-1)F$。如果 $2A$ 是它的峰值，那么脉冲形状在频域可以表示为 $A\operatorname{rect}\left(\dfrac{f}{(q-1)F}\right)\left\{1+\cos\left(\dfrac{2\pi f}{(q-1)F}\right)\right\}$（见图 6.13）。它的积分为 $A(q-1)F$，只由上升的偏移量产生，因为矩形窗的余弦函数的单个周期的积分为零。为了使面积归一化，取 $A=\dfrac{1}{(q-1)F}$。将它代入主频谱选通矩形函数，给出平滑形式：

$$G(f) = \operatorname{rect}\left(\frac{f}{qF}\right) \otimes \left\{ \operatorname{rect}\left(\frac{f}{(q-1)F}\right) \frac{1 + \cos\left(\frac{2\pi f}{(q-1)F}\right)}{(q-1)F} \right\} \tag{6.22}$$

和

$$g(t) = qF \operatorname{sinc}(qFt) \left\{ \operatorname{sinc}((q-1)Ft) \otimes \left(\delta(t) + \frac{\delta(t-\Delta t) + \delta(t+\Delta t)}{2} \right) \right\}$$

式中，$\Delta t = \dfrac{1}{(q-1)F}$。执行 δ 函数卷积后，插值函数为

$$\phi(t) = \frac{1}{qF} g(t)$$

$$= \operatorname{sinc}(qFt) \left\{ \operatorname{sinc}((q-1)Ft) + \frac{1}{2} \operatorname{sinc}\left((q-1)Ft-1\right) + \frac{1}{2} \operatorname{sinc}\left((q-1)Ft+1\right) \right\} \tag{6.23}$$

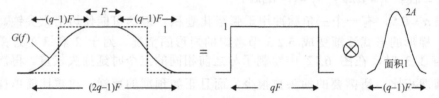

图 6.13　升余弦弧形化

花括号{}中的表达式具有比基本 sinc 函数更低的副瓣，尽管主瓣更宽，正如从选通或窗函数 G（汉宁窗）的形式所预期的那样。使用与上述相同的符号，有时延 $\tau = \rho T'$，

$$w_r(\rho) = \phi\left((r-\rho)T'\right) = \frac{g\left((r-\rho)T'\right)}{qF}$$

$$= \operatorname{sinc} x \left\{ \operatorname{sinc} y + \frac{1}{2} \operatorname{sinc}(y-1) + \frac{1}{2} \operatorname{sinc}(y+1) \right\} \tag{6.24}$$

式中，x 和 y 与在式（6.17）和式（6.21）中的一样。

可以稍微简化此式，令

$$\operatorname{sinc}(y \pm 1) = \frac{\sin(\pi(y \pm 1))}{\pi(y \pm 1)} = \frac{-\sin(\pi y)}{\pi(y \pm 1)} = \mp \frac{y \operatorname{sinc} y}{1 \pm y}$$

因此

$$w_r(\rho) = \operatorname{sinc} x \operatorname{sinc} y \left(1 + \frac{y}{2(1-y)} - \frac{y}{2(1+y)} \right) = \frac{\operatorname{sinc} x \operatorname{sinc} y}{1 - y^2} \tag{6.25}$$

用正弦函数的形式表示，此式为

$$w_r(\rho) = \frac{\sin X \sin Y}{XY(1 - y^2)}$$

X 和 Y 与式（6.17）中一样。

与式（6.17）梯形窗的情况相比，这里的 $1 - y^2$ 的分母中有一个额外的因子，当 r（且因此 x 和 y）较大时，该因子可以有效地减小 w_r 的大小。图 6.14 显示了与之前相同时延和过采样系数的抽头权重，并且可发现，由于此弧形化的非常平滑的形式，权重值的下降甚至比梯形弧形化更快。

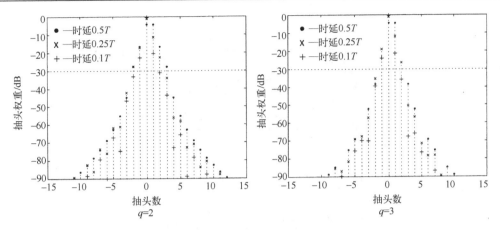

图 6.14 过采样和弧形化的升余弦窗的滤波器抽头权重

6.2.4 结果和对比

本节给出 $\rho = 1/2$ 情况下的抽头权重（以 dB 为单位）（即对于最坏的插值情况，两个抽头之间的一半）。对于较小的 ρ，权重随 r 下降得更快。对于较小的时延（远小于 $T'/2$），在保持良好的信号保真度的同时，可能几乎不需要过采样来降低抽头数量，但在许多应用中可能需要任何时延。本节在最坏的情况下评估抽头权重。

根据上述不同的频谱窗函数，得到以下四种不同的插值表达式的结果。ρ 为所需的时延，是采样区间的一部分。q 为数据过采样的因子。

（1）最大宽度矩形选通[见式（6.12）]：

$$w_r(\rho) = \left(\frac{2q-1}{q}\right) \mathrm{sinc}(x+y) \qquad (x = r - \rho, \quad y = (q-1)x/q)$$

（2）梯形频谱窗[见式（6.17）]：

$$w_r(\rho) = \mathrm{sinc}\,x\,\mathrm{sinc}\,y$$

（3）梯形弧形化矩形窗[见式（6.21）]：

$$w_r(\rho) = \mathrm{sinc}\,x\,\mathrm{sinc}((1-\alpha)y)\mathrm{sinc}(\alpha y) \qquad (0 < \alpha < 1)$$

（4）升余弦弧形化矩形窗[见式（6.25）]：

$$w_r(\rho) = \frac{\mathrm{sinc}\,x\,\mathrm{sinc}\,y}{1-y^2}$$

图 6.15 以等高线图的形式显示了滤波器抽头权重如何随着最差时延 0.5T 情况的过采样率的变化而变化。抽头权重以 dB 形式给出，X 轴表示抽头数，Y 轴表示过采样率。等高线间隔为 10dB。当然，只有抽头数为整数时才有意义，但这些表达式不局限于 r 为整数时，所以可以绘制等高线图。

这些图给人一种过采样有益的印象且对窗函数进行一些对比。一般来说，权重随抽头数下降得越快越好，因此当这些值低于一些足够低的值时，不需要抽头，滤波器长度受限。在这些图中，最低等高线值为-70dB，在弧形化的梯形窗和弧形化的升余弦窗的情况下，有可考虑的低于这个值的区域。

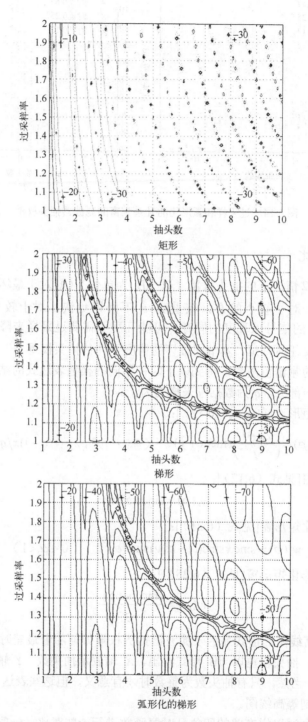

图 6.15　时延半个采样区间时，四个频谱窗函数抽头权重随过采样率的变化

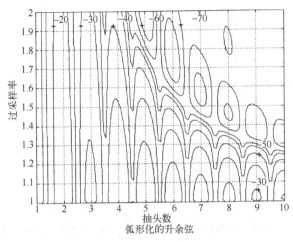

图 6.15　时延半个采样区间时，四个频谱窗函数抽头权重随过采样率的变化（续）

这些均发生在相当适度的过采样率和合理的短滤波器长度（15 抽头，例如，r 为-7～ +7，$q = 1.5$）的情况。另外，对矩形窗而言，对绘制的接近 $r = 10$ 和 $q = 2$ 的最高参数值，抽头值仅为-30dB，随着这些参数值的增加，只有非常缓慢的改善。

可看到对于所有的方法，权重值在 $q = 1$ 时仅缓慢下降，但只有一小部分增加至 1.2，例如，除矩形窗之外，权重迅速降低。矩形窗的系数值下降率随着采样率的增大变得非常差，这与 6.2.2 节图 6.8 的讨论是一致的。

6.3　最小二乘误差插值

6.3.1　最小残差功率法

6.2 节讲解了在给定采样波形的时间序列的情况下，如何来近似采样时延波形的时间序列。这种近似是不精确的，因为在实际应用中只能使用一组有限的 FIR 滤波器抽头。不评估限制滤波器的误差，因为这将取决于实际波形，并且在波形带宽有限的前提下，该部分的方法与波形无关。本节采用了不同的方法；所要解决的问题是，给定一个有限长度的滤波器，在时延波形序列中，使误差（在功率上）最小化的抽头权重集是什么？为了回答这个问题，不需要实际的波形，只需要它的功率谱。在 6.3.2 节以一些频谱形状的例子来说明这个理论。

FIR 滤波器模型如图 6.16 所示，类似于图 6.1，添加了波形 x。我们不区分连续波形和采样形式，因为我们知道，正确插值后，采样序列形式将为带限信号提供精确的连续波形。如果让所需的输出波形相对于中心抽头处的波形 $x(t)$ 时延 ρT，那么它可以表示为 $x(t - \rho T)$。T 为采样周期，$\rho\,(-0.5 < \rho < 0.5)$ 是作为该间隔一部分的时延偏移量。虽然 $x(t - \rho T)$ 在图中表示为实际滤波器输出，但这只能通过一组无限的抽头进行正确加权来实现；实际的输出，以及下面推导出的抽头权重，是这个的最小二乘误差的近似。误差波形，即期望输出与 FIR 滤波器给出的输出之间的差，用 $e(t)$ 表示。

$$e(t) = x(t - \rho T) - \sum_{k=-n}^{n} x(t - kT)w_k \qquad (6.26)$$

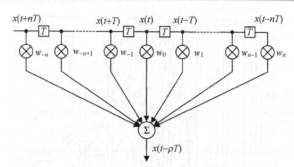

图 6.16　FIR 滤波器插值模型

对此方程作傅里叶变换，有

$$E(f) = X(f)\exp(-2\pi \mathrm{i} f\rho T) - \sum_{k=-n}^{n} X(f)\exp(-2\pi \mathrm{i} fkT)w_k \qquad (6.27)$$
$$= X(f)G(f)$$

式中，

$$G(f) = \exp(-2\pi \mathrm{i} f\rho T) - \sum_{k=-n}^{n}\exp(-2\pi \mathrm{i} fkT)w_k \qquad (6.28)$$

误差功率 P 被认为是一组权重的函数。

$$p = \int_{-\infty}^{\infty}\left|E(f)\right|^2 \mathrm{d}f = \int_{-\infty}^{\infty}\left|X(f)\right|^2 \left|G(f)\right|^2 \mathrm{d}f \qquad (6.29)$$

这里第二个积分的极限可以是 $-\dfrac{F}{2}$ 和 $\dfrac{F}{2}$，因为 x 是带限的，在这个区间之外没有频谱功率。假设波形具有单位功率，则 $\displaystyle\int_{-\infty}^{\infty}\left|X(f)\right|^2 \mathrm{d}f = 1$。由式（6.28）得

$$\left|G(f)\right|^2 = 1 - 2\operatorname{Re}\left\{\sum_{k=-n}^{n}\exp\left(2\pi \mathrm{i} f(k-\rho)T\right)w_r^*\right\} \qquad (6.30)$$
$$+ \sum_{k=-n}^{n}\sum_{k=-n}^{n}\exp\left(2\pi \mathrm{i} f(k-h)T\right)w_k^* w_h$$

将式（6.30）代入式（6.29），可以用向量矩阵形式表示误差功率，有

$$p(w) = 1 - 2\operatorname{Re}\{w^{\mathrm{H}}a\} + w^{\mathrm{H}}Bw \qquad (6.31)$$

式中，定义

$$w = \begin{bmatrix} w_{-n} & w_{-n+1} & \cdots & w_n \end{bmatrix}^{\mathrm{T}} \qquad (6.32)$$

向量 a 的元素个数为 $2n+1$，矩阵 B 的元素个数为 $(2n+1)\times(2n+1)$，分别表示为

$$a_k = r\big((\rho-k)T\big) \text{ 和 } b_{kh} = r\big((k-h)T\big) \qquad (6.33)$$

式中，

$$r(\tau) = \int_{-\infty}^{\infty}\left|X(f)\right|^2 \exp(2\pi \mathrm{i} f\tau)\mathrm{d}f \qquad (6.34)$$

可看到，a_k 和 b_{kh} 分量是波形 x 的自相关函数的值，r 是 x 的功率谱的傅里叶变换，由维纳-辛钦定理得到自相关函数（见 2.4.3 节）。

通过将 $p(w)$ 与 w^* 进行微分并将微分设置为零（例如，见 Brandwood[1]），可发现当权

重向量 $\boldsymbol{w}_0$ 由式（6.35）表示时，p 有最小值

$$w_0 = B^{-1} a \tag{6.35}$$

并且最小误差功率 p_0 可以表示为

$$p_0 = 1 - a^{\mathrm{H}} B^{-1} a \tag{6.36}$$

为了计算 $\boldsymbol{w}_0$ 和 p_0，只需要知道 $\boldsymbol{a}$ 和 $\boldsymbol{B}$，其中的分量全部从波形的自相关函数中获得。不需要为 x 假设特定的波形来计算最佳权重和最小残差，这将取决于抽头的数量、采样周期和时延，而只需要它的频谱功率函数。选择一些近似真实信号的似然谱的简单函数，可以很容易地得到权重和残差。6.3.2 节使用规则和对技术来找到五种频谱形状的自相关函数，并且在 6.3.3 节给出一些结果。

6.3.2 功率谱和自相关函数

矩形频谱

在这种情况下，用 $(1/F)\mathrm{rect}(f/F)$ 表示功率谱 $|X(f)|^2$，因子 $1/F$ 用于将总功率归一化。它的逆傅里叶变换为 $r(\tau) = \mathrm{sinc}(F\tau)$，对于分量 $\boldsymbol{a}$ 和 $\boldsymbol{B}$，有

$$a_k = \mathrm{sinc}\big((k-\rho)FT\big) \quad \text{和} \quad b_{kh} = \mathrm{sinc}\big((k-h)FT\big) \tag{6.37}$$

最小采样率等于带宽 F，所以采样周期 $T = 1/F$，但更一般地，如果采样率是 qF，那么 $T = \dfrac{1}{qF}$ 或 $FT = 1/q$，所以式（6.37）变为

$$a_k = \mathrm{sinc}\left(\frac{k-\rho}{q}\right) \quad \text{和} \quad b_{kh} = \mathrm{sinc}\left(\frac{k-h}{q}\right) \tag{6.38}$$

三角形频谱

如 3.3 节所述，一个底宽为 F 的三角形频谱可以由宽度为 $F/2$ 的两个矩形函数的卷积形成。其峰值为 $F/2$，底宽同样为 F，面积为 $F^2/4$。为了使功率谱中表示总功率的总面积归一化，除以此因子，所以频谱和自相关函数表示为

$$|X(f)|^2 = (4/F^2)\mathrm{rect}(2f/F) \otimes \mathrm{rect}(2f/F)$$
$$r(\tau) = \mathrm{sinc}^2(F\tau/2) \tag{6.39}$$

因此，所需的系数为

$$a_k = \mathrm{sinc}^2\left(\frac{k-\rho}{2q}\right) \quad \text{和} \quad b_{kh} = \mathrm{sinc}^2\left(\frac{k-h}{2q}\right) \tag{6.40}$$

升余弦频谱

单位面积的升余弦功率谱由 $(1/F)\big(1+\cos(2\pi f/F)\big)\mathrm{rect}(f/F)$ 给出。

如 3.6 节所述，升余弦的变换给出了自相关函数 $\mathrm{sinc}(F\tau) + \dfrac{1}{2}\big(\mathrm{sinc}(F\tau-1)+\mathrm{sinc}(F\tau+1)\big)$，因此

$$a_k = \mathrm{sinc}\left(\frac{k-\rho}{q}\right) + \frac{1}{2}\mathrm{sinc}\left(\frac{k-\rho}{q}-1\right) + \frac{1}{2}\mathrm{sinc}\left(\frac{k-\rho}{q}+1\right) \tag{6.41a}$$

和

$$b_{kh} = \text{sinc}\left(\frac{k-h}{q}\right) + \frac{1}{2}\text{sinc}\left(\frac{k-h}{q} - 1\right) + \frac{1}{2}\text{sinc}\left(\frac{k-h}{q} + 1\right) \tag{6.41b}$$

高斯频谱

高斯或正态分布函数非零（其支持）域的区域是无界的，因此严格地说，没有与采样相对应的最小采样（或奈奎斯特）频率 F 来精确地表示这个函数。然而，在实际应用中，可以通过将 F 作为频谱功率密度下降到某一较低水平的带宽来近似频谱，即低于频谱的峰值的 A dB，从而使频率 F 处的采样产生可接受的低水平混叠。这定义了频谱的方差为 $\sigma^2 = \frac{F^2}{1.84A}$。归一化频谱为

$$|X(f)|^2 = \frac{1}{\sqrt{2\pi}\sigma}\exp\left(-\frac{f^2}{2\sigma^2}\right) \tag{6.42}$$

由 P6 和 R5，其变换为

$$r(\tau) = \exp(-2\pi^2\sigma^2\tau^2) \tag{6.43}$$

用频谱极限值 A 表示方差，得到

$$a_k = \exp\left(-\frac{2\pi^2(k-\rho)^2}{1.84Aq^2}\right) \quad \text{和} \quad b_{kh} = \exp\left(-\frac{2\pi^2(k-h)^2}{1.84Aq^2}\right) \tag{6.44}$$

梯形频谱

如 3.2 节所述，通过宽度为 $\frac{(1-a)F}{2}$ 和 $\frac{(1+a)F}{2}$ 的两个矩形函数的卷积，形成一个基宽为 F、顶宽为 $aF(0 < a < 1)$ 的对称梯形，这两个矩形的宽度分别是梯形的斜边宽度和半高宽度（见图 3.1）。使用单位矩形函数给出峰值高度 $\frac{(1-a)F}{2}$，这将给出 $\frac{(1-a)(1+a)F^2}{4}$ 的面积，所以必须除以因子 $\frac{(1-a)(1+a)F^2}{4}$ 以得到归一化频谱：

$$|X(f)|^2 = \left(\frac{4}{(1+a)(1-a)F^2}\right)\text{rect}\left(\frac{2f}{(1-a)F}\right) \otimes \text{rect}\left(\frac{2f}{(1+a)F}\right) \tag{6.45}$$

其变换为

$$r(\tau) = \text{sinc}\big((1-\alpha)F\tau/2\big)\text{sinc}\big((1+\alpha)F\tau/2\big) \tag{6.46}$$

如图 3.2 所示，有 $a = 3/7$。注意到，作为梯形形式的极限情况，取 $a = 1$ 或 $a = 0$ 可以分别得到矩形和三角形频谱情况的结果。最终，有

$$a_k = \text{sinc}\left(\frac{(1-a)(k-\rho)}{2q}\right)\text{sinc}\left(\frac{(1+a)(k-\rho)}{2q}\right) \tag{6.47a}$$

和

$$b_{kh} = \text{sinc}\left(\frac{(1-a)(k-h)}{2q}\right)\text{sinc}\left(\frac{(1+a)(k-h)}{2q}\right) \tag{6.47b}$$

6.3.3 误差功率电平

式（6.36）中给出的误差功率在图 6.17 中显示为等高线图的形式，其中两个频谱形

状，矩形使用式（6.38），升余弦使用式（6.41）。误差最大的情况为半个采样周期（$\alpha =$ 0.5）的时延。它们将功率表示为所用抽头数和过采样率的函数。虽然间距为 5dB 的等高线是连续的，但只有当抽头数为整数时才有意义，且误差功率仅在这些横坐标值计算。这些图表明，即使是适度的过采样率，对于减少给定的所需失配电平的抽头数量也是有效的，或者大大降低了固定抽头数量的失配功率。例如，9 抽头的采样率从 1 增加至 1.5（50%过采样）时，矩形频谱的失配功率由大于-15dB 减小至约-53dB。这两个频谱的一般模式非常相似，尽管如可能预期的那样，当参数值相同时，更紧凑的升余弦频谱具有比矩形频谱更低的失配功率。（对于此频谱和 9 抽头，功率由无过采样时的-30dB 降低至 40%过采样时的-60dB。）其他频谱形状的结果是相似的，并且通常在这两者之间。

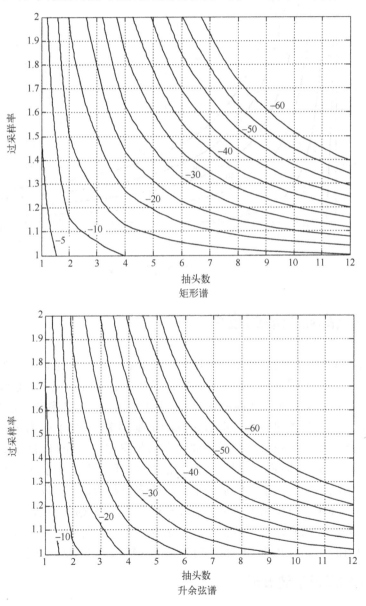

图 6.17　两个功率谱的失配功率

图 6.18 给出了增大抽头范围和减小过采样率范围的矩形频谱的结果。可看到，即使有 60 个抽头，以最小速率采样时的失配功率超过-22dB，而 10%过采样时仅使用 8 个抽头就能实现此水平，而 25%仅需要 5 个抽头。还可看到，使用 20 个抽头，最小采样率下的失配功率约为-17dB，但在过采样率仅为 1.15 时降至-50dB。这些图表明，即使具有相当低的过采样率，也可以实现给定性能水平的计算量的显著降低或者给定计算量的性能的显著提升。

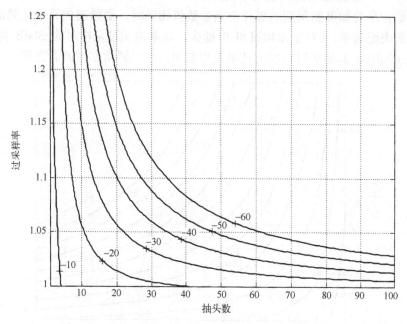

图 6.18　矩形频谱的失配功率

6.4　仿真生成高斯杂波的应用

本节举一个特例来说明利用过采样可以大大节省计算量。所考虑的问题是产生模拟杂波，如在给定的距离窗中所见的，用于建模雷达性能。在这种情况下，杂波被认为具有复杂的幅度分布，其是正态分布（或高斯分布），并且还具有高斯功率谱。首先在 6.4.1 节中说明，FIR 滤波器以所需的采样率，即雷达脉冲重复频率（PRF）作为正态分布的伪随机样本序列，可以产生所需的波形。由于杂波波形的带宽比雷达 PRF 低得多，杂波波形需要大量的过采样，计算成本高。（尽管计算速度很快，但大型、复杂的模拟可能需要在许多距离窗中出现杂波，如在这个雷达示例中，可能需要花费很多时间来执行，并且有效的计算是有价值的。）6.4.2 节说明了尽管仍然过采样，但杂波波形可以以低得多的采样率生成，然后根据需要，使用有效的插值在 PRF 处给出样本。结果表明，该方法大大降低了计算量。本例使用的参数为 PRF 10kHz，杂波波形的频谱为 10Hz 标准差。

6.4.1　直接生成高斯杂波波形

独立正态分布序列的任何线性组合也将是正态分布的 [2]。长度为 L 的 FIR 滤波器由正态分布的一系列样本组成 L 样本的线性组合，并以 L 为间隔产生独立的正态分布的输出

样本。间距小于 L 样本间隔的输出样本不是独立的，因为它们是部分重叠样本集的线性组合，FIR 滤波器权重的选择将决定连续样本之间的依赖程度（即速率值的变化或等效的输出序列的频谱）。如果 $|H(f)|^2$ 是所需的功率谱，则其平方根给出（在任意相位因子内）所需的幅度谱，并且其逆傅里叶变换给出所需的滤波器脉冲响应。在 FIR 滤波器的情况下，滤波器权重或抽头系数被设置为所需的脉冲响应的采样值（见图 6.19）。（很明显，输入端的脉冲在输出端会以一系列按系数缩放的脉冲的形式出现，这就是滤波器的脉冲响应。）如果 ϕ 是频谱的带宽，那么由第 4 章得知，采样率必须为 ϕ 或更大，因此 FIR 滤波器中抽头之间的时延必须为 $1/\phi$ 或更小。当然，产生高斯脉冲并将其输入滤波器以给出输出高斯序列的时间间隔必须与此时延相匹配。（在此例中，采样率为 PRF F，远大于频谱的带宽。）

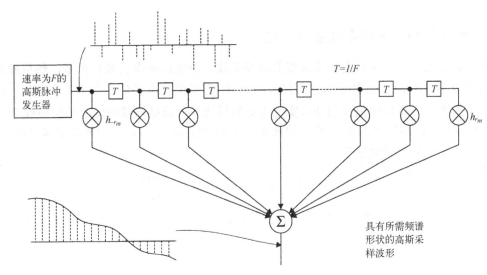

图 6.19 用于高斯波形产生的 FIR 滤波器

在标准差为 σ 和 3dB 带宽为 2.36σ 的高斯谱的情况下，有

$$H(f)^2 \sim \exp\left(-\frac{f^2}{2\sigma^2}\right) \tag{6.48}$$

在这里，$\sim$ 表示不关心特定的比例因子。如 6.3.2 节所示，有一个无限的频域，其频谱功率密度是有限的，因此近似地将频谱限制为带宽 $2r\sigma$，使得 $\pm k\sigma$ 处的功率密度小到足以忽略频谱尾部的程度，从而忽略频谱混叠功率。在这些点上，有 $H(\pm r\sigma)^2 = \exp(-r^2/2)$，并且在 $k = \sqrt{(7\ln 10)} \approx 4$ 处，这已经下降到 -35dB，是低于峰值的合适的低水平。在这种情况下，不包括可忽略的频谱功率之外的总带宽是 8σ。在这个例子中，这是 80Hz，与 10kHz 的 PRF 相比非常低，并且可看到所需的杂波波形被过采样 125 倍。

由式（6.47）得，$H(f) \sim \exp\left(-\frac{f^2}{4\sigma^2}\right) = \exp\left(-\pi\left(\frac{f}{2\sigma\sqrt{\pi}}\right)^2\right)$，且用 P6 和 R5 可以得到

所需的滤波器脉冲响应：

$$h(t) \sim \exp\left(-\pi(2\sigma\sqrt{\pi}t)^2\right) = \exp\left(-4\pi^2\sigma^2 t^2\right) \tag{6.49}$$

采样脉冲响应的 FIR 滤波器系数 h_r 为

$$h_r = h(rT) = \exp(-4\pi^2\sigma^2 r^2 T^2) \qquad (6.50)$$

式中，$T = 1/F$ 是采样周期。如果把系数取到-40dB 的水平，那么有 $8\pi^2\sigma^2 r_m^2 T^2 = 4\ln 10$，或者

$$r_m = \frac{\sqrt{\dfrac{\ln 10}{2}}}{\pi}\frac{F}{\sigma} = 0.342\frac{F}{\sigma} \qquad (6.51)$$

式中，$\pm r_m$ 是第一个和最后一个系数的索引。

现在可以估计直接生成模拟杂波所需的计算量。当 $F = 10^4\,\text{Hz}$ 和 $\sigma = 10\,\text{Hz}$ 时，可看到 $r_m = 342$，因此有 685 个抽头，这是每个输出样本所需的复数乘法的数量（除了从正态分布产生输入）。

6.4.2　使用插值的有效杂波波形产生

在这种情况下，产生具有所需带宽的高斯杂波，但采样速率 f_s 要低得多，然后插值以获得所需速率 F 的样本（图 6.20）。因此，需要 F/f_s 倍的样本插值。由 6.2 节可知，在适度的过采样率下，可以用很少的抽头实现良好的插值。假设插值滤波器中的抽头数为 m，由式（6.51）得，高斯 FIR 滤波器中的抽头数为 $0.684 f_s/\sigma$（+1，我们忽略了这一点），因此每个输出样本的复数乘法平均数为

$$v = m + (0.684 f_s/\sigma)/(F/f_s) = m + \frac{0.684 f_s^2}{\sigma F} \qquad (6.52)$$

使高斯频谱的有效带宽（-35dB 点处的宽度）为 8σ，对过采样率 q，有 $f_s = 8\sigma q$，得出

$$v = m + 43.7\,\sigma q^2/F \qquad (6.53)$$

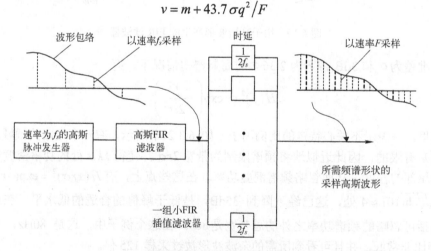

图 6.20　插值产生高斯波形

在图 6.12 中可看到，当过采样率为 3 时，只需要 4 个抽头，加权在-40dB 以上，就可以插值到采样周期一半的最大时移。使用 $m = 4$、$q = 3$、$F = 10^4\,\text{Hz}$、$\sigma = 10\,\text{Hz}$，在式（6.53）中得到 $v = 4.4$，是直接采样情况的 $\dfrac{1}{150}$ 以下。这里必须有 4 个权重的 $\dfrac{F}{2f_s}$ 集合

（或者由于 f_s = 240Hz，本例中为 21 个）才能（对于一个对称的 F/f_s 滤波器组）从 $-\dfrac{1}{2f_s}$

到 $+\dfrac{1}{2f_s}$ 插值。

6.5　重采样

　　插值的应用之一是获得重采样时间序列。在这种情况下，数据是通过在一个频率 F_1 处对某个波形进行采样而获得的，但是现在需要通过在不同的频率 F_2 处对该波形进行采样以获得序列。首先考虑 F_1/F_2 是有理数的情况，因此可以用 n_1/n_2 的形式表示，n_1 和 n_2 互为素数（没有公因数）。图 6.21 证明了该方法，其中取 $n_1=4$、$n_2=7$ 和 $F_1/F_2=4/7$。模式在一个时间间隔 $T=n_1T_1=n_2T_2$ 内重复，其中 $T_1=1/F_1$ 和 $T_2=1/F_2$，并且如果输出序列被定时以使得一些样本相对于输入处于零移位，则将有… −2、−1、0、1、2、…倍的 $\Delta T=\dfrac{T}{n_1n_2}$ 的更多时间位移。输入的采样周期是 $T_1=T/n_1=n_2\Delta T$，所以需要 n_2 倍的时延，0 至 n_2-1 倍的 ΔT。允许负相对时延，n_2 为奇数时，需要 $-(n_2-1)/2$ 至 $+(n_2-1)/2$ 的时延，或 n_2 为偶数时，需要 $-n_2/2+1$ 至 $+n_2/2$ 的时延，使时延的量级在半个 F_1 周期内。在图 6.21 中，不同脉冲所需的时间偏移以 ΔT 为单位显示，$F_1/F_2=4/7$，且我们看到所需的值在 $-3\Delta T$ 到 $+3\Delta T$ 之间。在 4 个输入脉冲间隔的周期内，根据需要，有 7 个输出脉冲，有 7 个不同的时延，其中一个时延为零。还可以看到，如果频率比在这个图中被翻转，输入样本用短划线表示，输出样本用实线表示，那么相对于最近的输入样本，时间移位只需要−1、+2、+1 和 0。

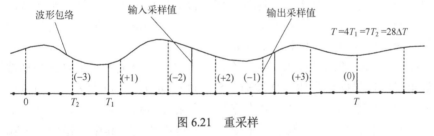

图 6.21　重采样

　　如果输入序列被过采样，可以使用 6.3.2 节中的结果来减小 FIR 滤波器采样的规格，从而实现非常经济的重采样，每个输出采样只需要几次乘法。仅需要 n_2-1 个时移，并且定义 FIR 滤波器系数的不同矢量的数量仅为 $(n_2-1)/2$（n_2 为奇数）或 $n_2/2$（n_2 为偶数）（因为正负偏移的系数集相同，以相反的顺序应用，有一个输入序列的偏移），这些可以预先计算和存储。当然，处理不需要是实时的——输入和输出脉冲以指定的实际间隔到达和离开。如果在实时采样之后存储输入数据，然后可以在空闲时生成输出序列，这些样本是在新频率下通过实时采样获得的值。然而，如果需要实时重采样（如连续数据），则经济计算特别有用。

　　如果频率比不合理，则需要进行一些修改。在存储数据块的情况下，可以接受找到一个与此比值很近似的有理数。因为这是一个近似值，所以输出频率将不完全是指定的频率，并且如果波形被重新生成，就像样本处于此频率一样（例如，在音频数据的情况下通过标准声卡），那么将是整个信号的轻微频率缩放。在连续实时数据的情况下，需要不时地丢弃或插入样本，通常导致不可接受的声音失真。另一种方法是使用 6.2 节中的公式精确计算所需的时延，然后计算 FIR 滤波器的抽头权重。或者，计算的时延可以在半输出采样周期（正或负）上近似为最接近的一组适当的精确值，并且将该时延的预先计算的权重集合进行应用。（文献中对重采样的主题进行了详细介绍，但这里的重点是过采样的实现和好处。）

6.6　小结

本章展示了如何使用规则和对方法在采样时间序列的插值领域获得简单的结果，从而简化和深入了解基本原理。第一个主要应用是找到 FIR 滤波器权重，它将为任何带限信号提供插值。原则上，为了实现完美的插值，此滤波器将无限长，因此在实践中，有限滤波器始终只给出正确插值波形的近似值。然而，适当长度的滤波器可以提供所要求的那样好的近似值。对于以最小速率采样的波形，这可能相当长（可能 100 个或更多抽头，以获得良好的保真度），但如果采样率较高（即波形被过采样），则会发现给定性能的滤波器的长度大幅下降。例如，在大型仿真或在宽频带系统中提供实时的时延波形时，这种计算量的节省可能很有价值。

第一种方法没有给出插值波形精度的估计，例如，通过比较 FIR 滤波器的波形和精确的时延波形，可以测量插值波形的精度。这将取决于波形的频谱，并且假定在指定的有限带宽内没有特定的频谱。这是第二种方法的主题，该方法定义了滤波器，在给定的功率谱下，该滤波器将使误差信号（内插序列和精确序列之间的差异）的功率最小化。在这种情况下，采取了一些简单的频谱形状来说明这项技术。在实践中，实际的信号频谱可能被认为是一个很好的近似值。实际上，实际的形状并没有造成很大的差别，给定合理的过采样度，矩形谱是最差的，但实际上矩形谱也是一种不可能的形式。同样，可以使用过采样来大大减少每个输出样本的滤波器长度和乘法数目。

本章还研究了插值的两种应用。第一个例子是产生一个大的过采样的高斯波形。结果表明，以低得多的过采样率生成高斯波形，然后进行插值，可以大大减少所需计算量（两个数量级）。第二个例子是重采样，其中需要一个采样序列，对应于以不同于实际使用的频率对波形进行采样。（上一个例子是重新采样的特殊情况，其中输出频率是输入频率的简单倍数。）同样，如果输入序列被过采样，这个过程可能会更加经济。这些示例可能无法解决任何读者的特定问题，但它们可能提供如何解决问题的启示，特别是规则和对方法给出的简化和清晰的过程。

参 考 文 献

[1]　Brandwood, D. H., "A Complex Gradient Operator and Its Application in Adaptive Array Theory," *IEE Proc. 133, Parts F and H*, 1983, pp.11–16.

[2]　Mardia, K. V., J. T. Kent, and J. M.Bibby, *Multivariate Analysis*, Academic Press, 1979.

第 7 章　均　　衡

7.1　引言

本章考虑在给定频带上补偿某些已知频率失真的问题。失真的一种形式是不希望的时延，并且所产生的失真与频率为线性相位变化。这种时延不匹配的特殊情况是第 6 章的主题，7.5 节使用的校正或均衡方法基本上与 6.3 节的方法相同。然而，也关注其他形式的频率失真，所以在本章中，该方法更为通用，并且还包括频带上的幅度变化。为了做到这一点，在 7.3 节引入了一个新的傅里叶变换对，ramp 函数是整个频带的线性斜率，它的变换 snc₁ 函数是 sinc 函数的一阶导数。实际上，定义了一组变化对，它们是整个频带频率的整数幂（ramp^r）和 sinc 函数相对应的阶数的导数（snc$_r$）。sinc 和 rect 函数被看作是这些集合中的第一个（或第零个）成员。利用这些结果，用感兴趣的频带上的频率多项式函数表示的任何幅度变化都具有傅里叶变换，其是 snc$_r$ 函数的总和。7.4 节给出了一个简单的幅度均衡示例。

7.2 节概述的均衡方法基于最小化整个频带的加权均方误差。每个频率的误差是均衡结果（通常不完美）与理想或完全均衡响应之间的（复）幅度失配。如 6.3 节所述，加权由信号的频谱功率密度函数给出。这具有以下优点：在具有最大信号功率的情况下均衡将趋于最佳，因此不匹配的影响将是最严重的。如果不需要加权（例如，如果信号频谱完全未知，并且整个频带的均匀强调被认为是最合适的），那么只需用 rect 函数替换频谱函数。在实践中不太可能准确地知道和指定频谱，因此频谱形状的合理近似将得到近似于精确形式给出的结果，并且明显优于定义的相当不现实的未加权的（或恒定的）形状。通过 rect 函数，它可以提供到频段边缘的全部权重，通常信号功率将降至可忽略的水平。因此，如 6.3 节所述，将频谱简化为几种易处理形式中的一种应该是令人满意的。可供选择的合适形式包括正常（或高斯）形状、升余弦或（对称）梯形形状。

7.6 节和 7.7 节将 7.2 节和 7.3 节给出的理论应用于特定问题，即根据使用单脉冲雷达的需要形成宽带和差波束。一个简单的例子是用一个 16 阵元的规则线性阵列来说明应用。将问题扩展到更大的，可能是平面（二维）的阵列并不困难，这会增加均衡的信道数量，每个信道都有自己的补偿要求，但均衡计算的实际形式在每种情况下本质上都是相同的，仅具有不同的参数。因此，尽管这种简单的阵列可能不太可能在实践中使用，但是在这个应用中足够说明均衡的好处，在给定的适度的过采样情况下显示出了适度计算需求的显著改进。

雷达和波束（即其正常搜索波束，给定最大信噪比）仅需要时延补偿，这可以通过 6.3 节的结果为每个阵元提供。但是，7.6 节包括具有均衡的全阵列响应的结果，这未在第 6 章中考虑，并且还提供了 7.7 节的介绍，其中考虑了差分波束。该波束可以定义为和波束的导数（在角度上），用于精细角度位置测量。所需的形式需在雷达波束指向处响应为零，从而和波束响应有最大值。对于这个例子，需要在每个通道的幅度和相位上进行均衡，这需要 7.3 节的结果。

7.2　基本方法

要解决的问题是补偿通信信道中给定的频率相关失真，如图 7.1 所示。接收具有基带频谱 U 的波形 u，其具有一些信道失真 G，使得在（基带）频率 f 处，接收的频率分量不仅仅是 $U(f)$，而是 $G(f)U(f)$。然后，该信号通过具有频率响应 $K(f)$ 的滤波器，使得输出频谱 $K(f)G(f)U(f)$ 接近未失真的信号频谱 $U(f)$。很明显，在频率 f 上理想的滤波器响应只是 $K(f)=1/G(f)$，但实际上这个滤波器可能无法精确实现（例如，如果它是有限脉冲响应数字滤波器，除非在不太可能的情况下，即 K 由一组 δ 函数组成，而这些函数对应于采样周期的倍数处的多个时延）。在这种情况下，设计滤波器以在某种意义上给出在信号带宽上 $K(f)G(f)U(f)$ 到 $U(f)$ 的最佳拟合。实际上，选择的拟合是最小二乘误差解决方案，这是一种自然且广泛使用的标准，其优点是至少在原理上产生易处理的解决方案，并且发现这需要应用傅里叶变换。为了补偿 G，需要知道这个函数的形式。这可以从系统的性质中得知，如后面 7.6 节和 7.7 节中的应用，或者可以从信道测量中获得合理的估计。图 7.1 以频率 f_0 显示载波上的输入信号，这通常是无线电和雷达波形的情况，它向下转换为复杂的基带（通常在多个混频过程中），假设处理是数字化的，包括均衡和检测。

频率 f 处无穷小频带 δf 上的滤波器输出与期望响应之间的幅度误差表示为 $\left(K(f)G(f)U(f)-U(f)\right)\delta f$，因此总平方差为

$$\int_{-\infty}^{\infty}\left|K(f)G(f)-1\right|^2\left|U(f)\right|^2\,\mathrm{d}f \tag{7.1}$$

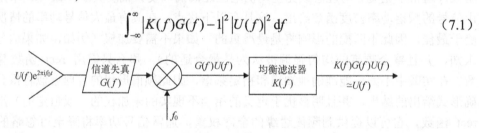

图 7.1　通信信道均衡

注意到，由于误差表达式中包含信号频谱 U，因此实际上需在所有频率上将 KG 相匹配的加权平方差归一化（均衡解），其中加权函数是信号的频谱功率密度函数。这意味着，在信号功率较大的区域，对失真的补偿得到了更多的重视，这通常比在整个频段，包括可能很少或者没有信号功率的部分，进行均匀的补偿更可取。

均衡滤波器的形式如图 6.1 或图 6.16 所示。如果时延 rT 的滤波器系数由 v_r 给出，其中 T 为采样周期，则长度为 $2n+1$ 抽头的滤波器的脉冲响应为

$$k(t)=\sum_{r=-n}^{n}v_r\delta(t-rT) \tag{7.2}$$

它的频率响应是这个脉冲响应表达式的傅里叶变换，（由 P1b 和 R6a）表示为

$$K(f)=\sum_{r=-n}^{n}v_r\exp(-2\pi irfT) \tag{7.3}$$

因此，可以使

$$
\begin{aligned}
&\left|K(f)G(f)-1\right|^2 \\
&=\left(\sum_{r=-n}^{n} v_r^* \exp(2\pi irfT)G^*(f)-1\right) \times \left(\sum_{s=-n}^{n} v_s \exp(-2\pi isfT)G(f)-1\right) \\
&=\sum_{r=-n}^{n}\sum_{s=-n}^{s} v_r^* v_s e^{2\pi i(r-s)fT}\left|G(f)\right|^2 - 2\operatorname{Re}\sum_{r=-n}^{r} v_r^* e^{2\pi irfT}G(f)^* + 1
\end{aligned}
\tag{7.4}
$$

作为权向量 $v=[v_{-n}\ v_{-n+1}\ \cdots\ v_n]^T$ 的函数，用式（7.4）替换式（7.1）中的 $KG-1$，使误差功率最小化，为

$$
p(v) = \int_{-\infty}^{\infty}\left|K(f)G(f)-1\right|^2\left|U(f)\right|^2 \,df = \sum_r\sum_s v_r^* v_s b_{rs} - 2\operatorname{Re}\sum_r v_r^* a_r + c
$$

从 $-n$ 到 n 求和。在向量矩阵形式中，上式变成

$$
p(v) = v^H Bv - 2\operatorname{Re}(v^H a) + c \tag{7.5}
$$

式中，a 和 B 的分量分别为

$$
a_r = \int_{-\infty}^{\infty} G(f)^*\left|U(f)\right|^2 e^{2\pi ifrT}\,df \tag{7.6}
$$

和

$$
b_{rs} = \int_{-\infty}^{\infty}\left|G(f)\right|^2\left|U(f)\right|^2 e^{2\pi if(r-s)T}\,df \tag{7.7}
$$

c 是 $\int\left|U(f)\right|^2\,df$。可以通过除以 c 来归一化相对于信号功率的误差功率，或视情况而定，等效地通过归一化 U 使得 $c=1$。式（7.6）和式（7.7）以（逆）傅里叶变换的形式进行表示。如果 $\rho_1(t)$ 和 $G(f)^*\left|U(f)\right|^2$ 是一个傅里叶对，$\rho_2(t)$ 和 $\left|G(f)\right|^2\left|U(f)\right|^2$ 也是一个傅里叶对，那么，通过式（7.6）和式（7.7），有

$$
a_r = \rho_1(rT) \quad \text{和} \quad b_{rs} = \rho_2\big((r-s)T\big) \tag{7.8}
$$

这里 T 为采样周期，因此如果存在因子为 q 的过采样，则有 $T=\dfrac{1}{qF}$。如 6.3 节所示，将式（7.5）中的 P 相对于 v 进行求导，可发现失配误差在 v_0 处最小，

$$
v_0 = B^{-1}a \tag{7.9}
$$

最小（归一化）平方差为

$$
p(v_0) = 1 - a^H B^{-1}a = 1 - a^H v_0 \tag{7.10}
$$

$a^H B^{-1}a$ 是实数，因为由式（7.7）可知，B 是埃尔米特矩阵（即 $b_{sr}=b_{rs}^*$）。因此，为了找到均衡滤波器的最佳抽头权重（在给出最小平方差的意义上），只需要知道信号的功率谱 $|U|^2$ 和复信道响应 G，然后执行式（7.6）和式（7.7）定义的傅里叶变换来给出 a 和 B 的分量，最后进行一些简单的矩阵处理。在简单的时延失配情况下，a 和 B 的推导已在 6.3 节中给出，但与频率相关的幅度失配的情况也将在 7.4 节和 7.7 节讨论。时延失配是线性相位对频率的依赖，但是不打算继续讨论非线性相位校正的情况，因为对于处理相位函数，此处说明的傅里叶方法并不比处理幅度函数（一般但不必须为实数）方便。

均衡方法总结：

（1）对于失真，需要一个作为频率函数 $G(f)$ 的表达式；对于全频带频谱加权，需要一个 $|U(f)|^2$ 的表达式，其在信号频带之外的值均为 0。

（2）作为 $G(f)^* |U(f)|^2$ 和 $|G(f)|^2 |U(f)|^2$ 的逆傅里叶变换，得到时间 $\rho_1(t)$ 和 $\rho_2(t)$ 的函数，如式（7.8）所示，得到 a 和 B 的分量，其中 T 为采样周期和滤波器抽头间隔。

（3）FIR 滤波器的最优权重向量 v_0 由式（7.9）给出。

可对此处相当简要的总结发表若干评论：

① 如果失真通常，但不必须为（或近似为）一个（线性或平方的）多项式函数，则后续介绍的 ramp 和 snc 函数（P13a 和 P13b）在求解时通常是必需的。

② 在最简单的情况下，使 $|U(f)|^2$ 为 $\mathrm{rect}(f/F)$。这对应于在频带内未加权和给出一个有用的均衡度。

③ 对于一些函数 G 和 $|U|^2$，乘积 $G^* |U|^2$ 和 $|G|^2 |U|^2$ 可能不容易变换。如果可得它们各自的变换，则通过 R7b，它们的卷积可以转换为所需变换的乘积。如果 $|U|^2$ 可近似为一个升余弦函数，那么，由于其变换包含 3 个 δ 函数（见 3.6 节），这应该给出一个 G 的变换形式的解。如果它被近似为梯形（或三角形）形状，则此方法在频域内将变换分解成三个（或两个）区间。

7.3　ramp 和 snc_r 函数

尽管描述需要补偿的信道频率响应的函数 G 可以在整个频域上定义，但只对包含重要信号能量的频域间隔中的形式感兴趣。如果像通常假设的那样，信号被限制（下变频到复基带后）到频带（$-F/2, F/2$），那么式（7.6）和式（7.7）的傅里叶变换积分将没有区别。因为如果函数 $\mathrm{rect}(f/F)$ 包括在内，在信号频带之外的区间内，因子 $|U(f)|^2$ 都应设为 0。（我们不希望在大于信号的频带上优化响应。这个解通常是给定信号的最优解。）因此，如果首先考虑 G 是频率的线性函数的情况，为了避免当 $f \to \pm\infty$ 时，函数 $G(f) = af + b$ 趋于无穷，可以更方便地取 $G(f) = (af + b)\mathrm{rect}(f/F)$。为了处理这种多项式函数，引入 ramp 函数，定义为

$$\mathrm{ramp}(x) = 2x\,\mathrm{rect}(x) \tag{7.11}$$

并且在图 7.2 中对它和它的平方、立方形式给出了说明。

因此，当 $-1/2 < x < 1/2$ 时，$\mathrm{ramp}(x) = 2x$；当 $x < -1/2$ 和 $x > 1/2$ 时，$\mathrm{ramp}(x) = 0$。为完整起见，

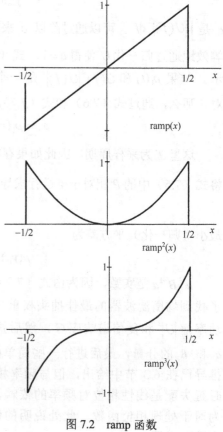

图 7.2　ramp 函数

可以取 ramp($\pm 1/2$) $= \pm 1/2$。因为 rect 函数有性质 rect$^r(x) = $ rect(x)，所以可以看到

$$\text{ramp}^r(x) = (2x)^r \, \text{rect}(x) \tag{7.12}$$

这样就可以将区间（$-1/2$，$1/2$）中 x 的多项式表示为 ramp(x) 的多项式：

$$(a_0 + a_1 x + a_2 x^2 + \cdots) \text{rect}(x)$$
$$= a_0 \text{ramp}^0(x) + (a_1/2)\text{ramp}(x) + (a_2/4)\text{ramp}^2(x) + \cdots \tag{7.13}$$

使用 R9b，找到 ramp 的傅里叶变换：

$$-2\pi \mathrm{i} x u(x) \Leftrightarrow U'(y) \tag{7.14}$$

式中，$u(x) \Leftrightarrow U(y)$；$'$ 表示导数。如果定义 $V(y)$ 为 $U'(y)$，有逆傅里叶变换 $v(x)$，那么通过式（7.14）有 $v(x) = -2\pi \mathrm{i} x u(x)$，并且也通过 R9b 有 $-2\pi \mathrm{i} x v(x) \Leftrightarrow V'(y)$。代入 v 和 V，有

$$(-2\pi \mathrm{i} x)^2 u(x) \Leftrightarrow U''(y)$$

一般来说，对于任意正整数 r，有

$$(-2\pi \mathrm{i} x)^r u(x) \Leftrightarrow U^{(r)}(y) \tag{7.15}$$

式中，$U^{(r)}$ 是 U 的 r 阶导数。现在，令 $u(x) = $ rect(x) 和 $U(y) = $ sinc(y)，通过 P3a，然后代入式（7.15），得到

$$(-\pi \mathrm{i})^r (2x)^r \text{rect}(x) \Leftrightarrow \text{sinc}^{(r)}(y) \tag{7.16}$$

如果引入符号

$$\text{snc}_r(y) = \frac{1}{\pi^r} \frac{\mathrm{d}^r}{\mathrm{d}y^r}\big(\text{sinc}(y)\big) \tag{7.17}$$

那么，通过式（7.12），式（7.16）变为

$$\text{ramp}^r(x) \Leftrightarrow \mathrm{i}^r \text{snc}_r(y) \tag{7.18}$$

式（7.18）是 P13a。注意到，通过式（7.12）和式（7.17），式（7.18）可以正式地写成

$$\text{ramp}^0(x) = \text{rect}(x) \text{ 和 } \text{snc}_0(y) = \text{sinc}(y) \tag{7.19}$$

通过式（7.17），计算出导数，可发现

$$\text{snc}_1(y) = \frac{\cos(\pi y) - \text{snc}_0(y)}{\pi y} \tag{7.20}$$

这适用于 $y = 0$ 以外的所有 y 的实数值，因此定义 $\text{snc}_1(0) = 0$ [当 $y \to +0$ 和 $y \to -0$ 时，$\text{snc}_1(y)$ 的极限值]以确保 snc_1 是连续的，并且实际上是解析的。再次求导，可得到

$$\text{snc}_2(y) = \frac{1}{\pi} \frac{\mathrm{d}}{\mathrm{d}y} \text{snc}_1(y) = -\text{snc}_0(y) - \frac{2\text{snc}_1(y)}{\pi y} \tag{7.21}$$

式中，通过 $y \to \pm 0$ 时，取 sinc 和 cos 函数的泰勒展开式的前两项得到 $\text{snc}_2(0) = -1/3$，或见式（7.27）。这三个函数已在图 7.3 中绘出。注意到偶数阶 snc 函数是偶数函数，奇数阶 snc 函数是奇数函数。函数的（正或负）峰值随着阶数的增加而降低。

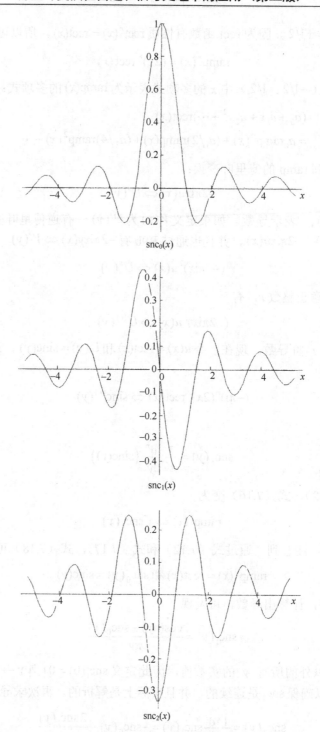

图 7.3　前三个 snc 函数

　　注意到不像式（7.20），式（7.21）只包含 snc 函数中的所有三角函数。进一步求导，使用式（7.17）可以得到一个递推公式，其中式（7.21）是第一个例子，从中可以找到更高阶的 snc 函数：

$$\text{snc}_n(y) + \text{snc}_{n-2}(y) = -\frac{n\,\text{snc}_{n-1}(y) + (n-2)\text{snc}_{n-3}(y)}{\pi y} \qquad (n \geqslant 2) \tag{7.22}$$

通过用泰勒级数形式表示 $\sin(\pi x)$，并对 snc_1 和 snc_2 函数逐项求导，可发现，对于前三个 snc 函数，

$$\text{snc}_0(y) = \sum_{n=0}^{\infty} \frac{(-1)^n (\pi y)^{2n}}{(2n+1)!} \tag{7.23}$$

$$\text{snc}_1(y) = \sum_{n=0}^{\infty} \frac{(-1)^n 2n(\pi y)^{2n-1}}{(2n+1)!} = \sum_{n=1}^{\infty} \frac{(-1)^n 2n(\pi y)^{2n-1}}{(2n+1)!} \tag{7.24}$$

$$\text{snc}_2(y) = \sum_{n=1}^{\infty} \frac{(-1)^n 2n(2n-1)(\pi y)^{2n-2}}{(2n+1)!} \tag{7.25}$$

由于 $n = 0$ 的项为 0，所以式（7.24）中减少此项。下一个减少的项为 $n = 1$ 时的 snc_3，其包含因子 $2n-2$。一般来说，可以使

$$\text{snc}_r(y) = \sum_{n=[(r+1)/2]}^{\infty} \frac{(-1)^n 2n!(\pi y)^{2n-r}}{(2n-r)!(2n+1)!} \tag{7.26}$$

式中，$[p]$ 是 p 中的最大的整数，所以当 r 为奇数时，$[(r+1)/2] = (r+1)/2$；当 r 为偶数时，$[(r+1)/2] = r/2$。偶数阶级数只包含 y 的偶数次幂，因此为偶函数；奇数阶函数只包含奇数次幂，为奇函数。因此，对于所有奇数阶 snc 函数，有 $\text{snc}_r(0) = 0$，而从式（7.26）中看到，对于偶数 r，甚至说 $r = 2s$，当 $y = 0$ 时，唯一的非零项是第一项，此时 $n = r/2 = s$，所以

$$\text{snc}_{2s}(0) = \frac{(-1)^s 2s!}{0!(2s+1)!} = \frac{(-1)^s}{2s+1} \tag{7.27}$$

注意到，cosc 在其他地方被用来表示导数 $\dfrac{\text{d}(\text{sinc}(y))}{\text{d}y}$，等于此处定义的 $\pi\text{snc}_1 y$。如式（7.17）中，其看起来求导包含因子 $1/\pi$，由于此导数（和后面的导数）都可以像式（7.23）至式（7.26）一样，用 πy 写成幂级数，所以其与 sinc 函数更一致。

本书提供的程序中包含 snc_r 函数（含 snc_0 或 sinc）仿真的 MATLAB 程序。对于 $n > 2$，它使用式（7.22）。

7.4　幅度均衡的示例

在第 6.3 节中，以采样波形时延为主题，已经讨论了这里所考虑的时延均衡问题，因此这里不再给出进一步的说明。然而，幅度均衡这一主题之前并没有被阐述过，因此，本节使用 7.3 节的结果给出了一个例子，展示了该方法的有效性，以及如果存在一定程度的过采样，则实现时只需很少的计算。以线性幅度失真的简单情况为例，该线性幅度失真在带宽上具有未加权的平方差函数（相当于 rect 函数的功率谱）。根据 7.2 节最后给出的项目，注意到：

（1）要匹配的响应在整个带宽上的形式为 $G(f) = 1 + af$（取为单位值），权重函数为 $|U(f)|^2 = \text{rect}\, f$ [或 $\text{rect}(f/F)$，$F = 1$]。

（2）因此，$G(f)^* |U(f)|^2 = \text{rect}(f) + (a/2)\text{ramp}(f)$，逆傅里叶变换为 $\text{snc}_0(t) - i(a/2)\text{snc}_1(t)$。且 $|G(f)|^2 |U(f)|^2 = \text{rect}(f)(1 + 2af + a^2 f^2) = \text{rect}(f) + a\,\text{ramp}(f) + (a^2/4)\text{ramp}^2(f)$，变换为 $\text{snc}_0(t) - ia\,\text{snc}_1(t) - (a^2/4)\text{snc}_2(t)$。将 t 的值 rT 和对于 t 的 $(r-s)T$ 代入这些表达式，得到 $\boldsymbol{a}$ 和 $\boldsymbol{B}$。

（3）因此，由式（7.9）得到最优权重。

可以看到，$\boldsymbol{a}$ 的分量所需的 G 的傅里叶变换包括 ramp 函数的变换（snc_1 函数）和 rect 函数的变换 snc_0。由于需要对 $G^2(f)$ 进行变换以确定 $\boldsymbol{B}$ 的元素，因此还有一个 ramp^2 函数，它的变换为 snc_2。需要注意的一个重要细节是，它们实际上是所需的逆傅里叶变换[见式（7.6）和式（7.7）]。在许多情况下（特别是使用对称函数），正变换和逆变换之间没有区别，但这里有奇函数（ramp 和 snc_1）。由式（7.18）可知，ramp^r（正）变换为 $i^r\text{snc}_r$，因此，通过 R4，（由于 ramp 是奇函数）有 $i^r\text{snc}_r(x) \Leftrightarrow \text{ramp}^r(-y) = (-1)^r\text{ramp}^r(y)$。乘以 $(-i)^r$，得到（P13b）$\text{snc}_r(x) \Leftrightarrow i^r\text{ramp}^r(y)$。

由此可见，ramp 的逆变换为 $-i\text{snc}_1$，ramp^2 的逆变换为 $-\text{snc}_2$。这些结果也被用在 7.6 节和 7.7 节。

对于图 7.4，我们对整个频带的 $G(f)$ 进行了 10dB 的线性幅度失真，幅度为 $0.48\sim 1.52$。使用 7 单元均衡滤波器和相对采样率 1（无过采样），通过式（7.6）、式（7.7）和式（7.10），可以获得有用的均衡度[见图 7.4（a）]。理想情况下，滤波器响应 K 应该为频带上 G 的倒数，均衡响应为 KG。如果将过采样率提高到 1.5 或 50%过采样，均衡变得非常好[见图 7.4（b）]。为了在基本采样率下获得可比的纹波性能，必须大幅增加滤波器抽头的数量——即使在 47 个抽头纹波更大的情况[见图 7.4（c）]；在这种情况下，更高的纹波频率是由于抽头的时间扩展更大。

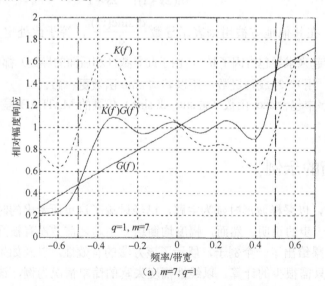

（a）$m=7$，$q=1$

图 7.4　线性幅度失真的均衡

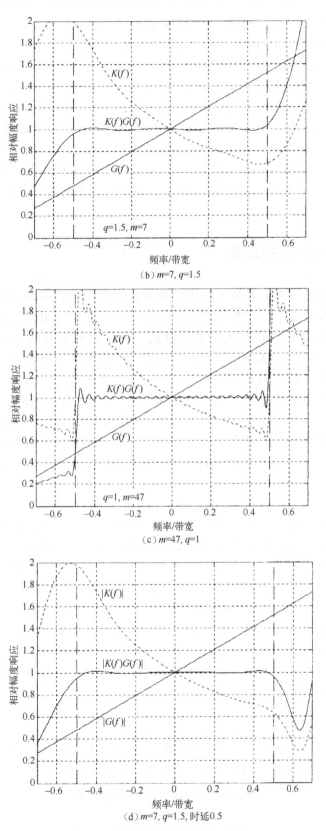

（b）m=7, q=1.5

（c）m=47, q=1

（d）m=7, q=1.5, 时延0.5

图 7.4 线性幅度失真的均衡（续）

最后，对于图 7.4（d），幅度变化和时延都需要补偿。采用相同的线性幅度函数，时延误差为 0.5 个采样周期，滤波器参数与图 7.4（b）相同。在这种情况下，函数有一些剩余的相位变化，因此绘制了模数，可看到，这些在频带内已经很好地均衡了，几乎与无时延误差的情况相同，但在频带外变化很大（特别是在正频率一侧）。K、G 和 KG 的相位也可以从程序中得到，且相位在整个频带内被精确均衡（至 0）。

图 7.4 的结果可用附带文中的 MATLAB 程序 Fig704 和 Fig704d 重新产生，但这也包含一个额外的程序 Fig704X，显示了二次幅度失真的优秀均衡。在这种情况下，a 的分量依赖于 G，二次失真需要 snc_0（或 sinc）、snc_1 和 snc_2，但 B 的分量依赖于 G^2，也需要 snc_3 和 snc_4 的值，充分利用了文件中包括的 snc 程序。同样，过采样对于从相当短的滤波器中提供良好的性能是有价值的。

7.5 宽带阵列雷达的均衡

在无线电、雷达或声呐系统中使用的许多天线由一组简单单元的阵列组成，而不是在一些无线电情况下由一个单元组成，或者对于雷达和卫星通信而言，由一个大的抛物面天线或甚至是一个指数喇叭天线组成。为了在特定方向上获得最大的信噪比（无论是发射还是接收），通过这些单元的信号必须在相位上进行调整，以便它们在工作频率上进行相位叠加。当然，实际上，所有信号都占用有限的带宽，因此原则上，在这个频带上需要不同的相移，所以这实际上是一个时间差，取决于单元的位置，并需要补偿。然而，很多信号是窄带的，因为分数带宽（带宽与中心或载波频率的比值）很小。在这种情况下，整个频带上所需的相移接近中心频率处的相移，并且由于应用一个简单的（与频率无关的）相移比时延要容易得多，因此可以使用这种近似。在给定的系统中，无论这种近似是否可以接受不仅取决于分数带宽，而且取决于阵列的规模或孔径，因此，窄带是一个相对的术语，在这种情况下对窄带信号的最合适的定义可能是，如果忽略其有限带宽导致可忽略或实际上可接受的误差，则可以将其称为窄带。相反，这里定义的宽带信号是指在这种情况下不存在的信号，并且必须对其带宽上的不同频率进行允许或补偿，以保持所需的性能。（这些术语似乎没有标准定义，但这种定性定义在某些方面似乎比定量定义更清楚；对于非常小的阵列，从这个意义上讲，5%的频带可能是"窄"的，而在非常大的对频率非常敏感的孔径的情况下，1%的频带可能是"宽"的。对于感兴趣的频带延伸至 0Hz 的情况，我们将使用宽带；这与 200%宽带情况相同，并与 5.3 节中术语的使用一致。）

对于简单的线性阵列，问题如图 7.5 所示。距阵列中心 d 处的单元比参考点处接收来自相对侧面 θ 方向的信号早了时间 τ：

$$\tau(\theta) = \frac{d \sin\theta}{c} \tag{7.28}$$

式中，c 为光速。因此，原则上，该单元的输出响应时延 $\tau(\theta)$ 应使阵列朝 θ 方向移动，但由于移相比时延更容易实现，所以通常使用窄带条件引入移相：

$$\phi(\theta) = 2\pi f_0 \tau(\theta) = 2\pi(d/\lambda_0)\sin\theta \tag{7.29}$$

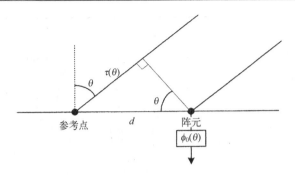

图 7.5 阵列测向

式中，f_0 是中心频率；λ_0 是对应的波长（使得 $f_0\lambda_0 = c$）；d 是单元到参考点的距离。（更一般而言，如果阵元位置向量为 r，并且对于方位角 α 和俯仰角 ε，感兴趣方向上的单位向量为 $e(\alpha,\varepsilon)$，则在方向 (α,ε) 上转向所需的相移为 $2\pi r \cdot e(\alpha,\varepsilon)/\lambda_0$，其中 $r \cdot e$ 是这些向量的标量积）。这种移相对于中心频率是正确的，但对于偏离中心频率处的信号分量，会逐渐产生误差。对于宽带情况，这种应用是不可接受的，需要更好地匹配时延。

将单元输出同相求和会在转向方向上产生峰值响应，这种响应形式称为和波束。（严格地说，这只是阵列因子；对于完全响应，在单元基本相同的情况下，需要乘以单元响应。）为了提高雷达的测角精度，采用一种称为单脉冲测量的技术。这种技术需要差分波束，理想情况下，差分波束在观察方向上的增益为零，在该方向附近有线性幅度响应。通过观察差分波束中目标回波的电平（通过和波束响应归一化）并除以该波束的已知斜率，可以发现目标相对观察方向的角度偏移。对于常规线性或平面阵列，一种形式的差分波束是通过将阵列分成两个相等的部分并减去两个部分的响应（因此得名）而获得的；但另一种方法是，允许用更一般的几何结构形成差分波束，形成一个和波束角度导数的波束。7.7 节中考虑的形式基于此。（注意到，由于没有唯一形式的和波束，例如，由于可以使用具有不同副瓣模式的波束，因此没有唯一形式的差波束。因此，7.7 节定义了合适的差波束，基本上是和波束的导数，没有额外的频率灵敏度。）

7.6 和波束均衡

为了控制窄带和波束，对每个阵元的输出增加移相，移相在载频上对应于要补偿的相对时延。为了控制宽带和波束，只需要用时延本身代替简单移相。实际上，在实践中不容易在 RF 上提供灵活的时延，因为波束需要在各个方向上自由地引导，但是对于具有数字处理的阵列，可以使用这里讨论的方法来提供非常接近的所需时延，这可以快速地实现。实际上，由于处理是在基带进行的，所以在下变频和数字化之后，时延是在基带实现的。对于窄带应用，载波上的相移仍然是必须的，并且可以在 RF 级应用，或者在下变频后以数字方式应用，但是与均衡过程无关。对于这里考虑的和波束，信道均衡是一个简单的时延，可以通过第 6 章的方法来近似，因此均衡的应用基本上不需要新的想法。然而，我们在一个简单阵列的例子中展示了这种均衡的好处，并且 7.7 节考虑差分波束的均衡，这更复杂，使用了 7.2 节和 7.3 节的结果。我们使用相同的阵列和信号频谱来说明这一点。

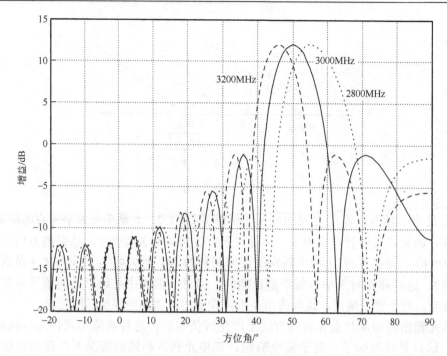

图 7.6　具有窄带权重的阵列响应

所建立的系统是一个 16 单元的全向阵元，半波长间隔，工作频率 3000MHz。（更一般地说，这些单元不需要是全向的，但应该是相似的，并且应该是独立于频率的。）实际频率并不特别重要；更重要的是相对频率。为了说明这个问题，图 7.6 显示了从侧面 50° 转向时阵列在三个频率下的增益（更准确地说是阵列因子）。转向权重是中心频率处的正确相位，该波束在正确位置处有它的峰值。在具有相同权重的情况下，频率为 200MHz 以上和 200MHz 以下（偏移量约为 ±6.7%）的波束会发生位置偏移。（这种效果称为斜视。）因此，对于从 50° 到达且阵列朝此方向转动的宽带信号，在这种情况下，增益将在相对中心频率 ±200MHz 处衰减约 $2\frac{1}{2}$ dB，因此接收信号失真。

使用 7.2 节中描述的均衡方法，用式（7.9）作为 FIR 滤波器抽头上的权重，其中 a 和 B 的分量在式（7.6）和式（7.7）中以一般形式给出。对于这个例子，我们采用对称梯形的谱功率密度 U，上底宽度为 500MHz 全部宽度的 80%。需要补偿或均衡的信道响应（G，在 7.2 节）仅仅是由于简单的时延（一般来说，每个阵元信道中的时延不同）引起的。对于这种时延均衡的情况，问题与 6.3 节中考虑的问题相同，a 和 B 的分量更特定地由式（6.47a）和式（6.47b）给出。实现这种时延均衡的结果如图 7.7 所示。同一组频率的响应如图 7.6 所示，在 ±200MHz 处的响应频率朝向 500MHz 频带的边沿（实际上，在梯形频谱的角处）。我们看到偏移已被有效地消除，三个频率处响应的主瓣几乎一致，尽管在图 7.7（b）中副瓣稍微升高。

图 7.7 显示了两种处理方案：在图 7.7（a）中，每个时延仅使用 5 个抽头，过采样率为 1.2，或高于最小采样率 20%；在图 7.7（b）中，仅使用 3 个抽头，但采样率增量提高到了 50%。两者差别不大，3 抽头响应稍差，但当过采样率升至 2 时，3 抽头的表现与 5 抽头过采样率 1.2 时的表现很相似。

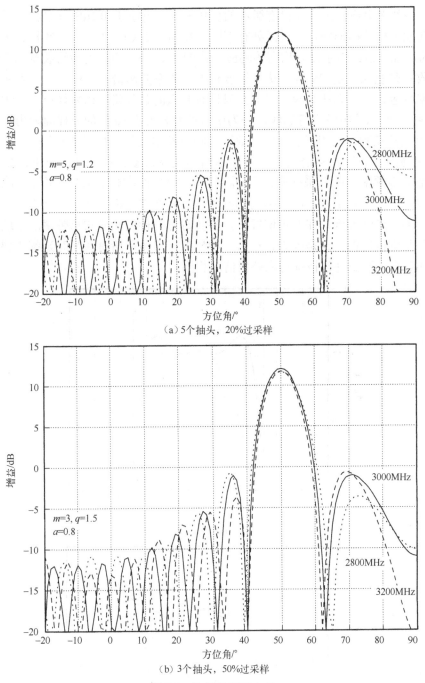

（a）5 个抽头，20% 过采样

（b）3 个抽头，50% 过采样

图 7.7　均衡的阵列响应

　　事实上，如果把抽头减少到 2 个，仍然可以在 q 增加至 5 的情况下获得良好的均衡。进一步说，如果取 $m = 1$（即没有 FIR 滤波器），通过过采样（使用最小二乘法处理）获得了有用的补偿程度—— $q = 2$ 时，主瓣很近，但副瓣模式显著降低，上下频率的增益降低了约 $\frac{1}{2}$ dB。

　　为了更深入地研究波束峰值处的响应，图 7.8 绘制了转向方向的增益作为归一化到中心频率的频率函数。和图 7.7（a）一样，图 7.8 是针对 5 个抽头和 20% 的过采样的情况。

可以看出，曲线随着频率的变化仅有微小的变化——上升小于 0.2dB 并且在信号功率下降和不需要匹配太好的梯形频带最边沿处有下降。在图 7.8（a）中，垂直线标记需要均衡的 10%频带的边缘，点线表示没有均衡的响应。在图 7.8（b）中，均衡滤波器的参数是相同的，但接收机带宽现在是 200%，从零扩展到中心频率的两倍。同样，点线表示没有任何均衡的频率响应，而短划线响应表示的是只进行整数时延补偿（以采样周期为单位）的频率响应。[图 7.8（a）中没有短划线，因为所有的时延都在±0.5 的采样周期内，不可能进行整数补偿。]注意到，在相同的一组参数下，响应基本上与分数带宽无关——响应的形状实际上是相同的。在第二种情况下，采样率当然要高得多；在这种情况下，由于带宽是 $2f_0$，f_0 是中心频率，所以采样率是 $2.4f_0$。以这种速率采样在雷达频率上可能是不切实际的，但在声呐上可能是可行的，因为声呐通常需要宽带（或甚宽带）操作，而实际信号频率要低得多。还注意到，在宽带情况下，整数时延补偿的响应与窄带情况下的无补偿曲线相同，与带宽成比例。这是因为，在后一种情况下，由于所有匹配时延都需要小于一个采样周期的数据，整数补偿情况与未补偿情况相同。

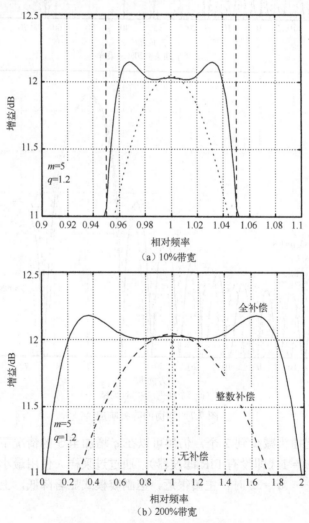

图 7.8　和波束频率响应；带宽的影响

这些响应非常相似的这一事实并不是巧合，而是说明了响应本质上与分数带宽无关，只取决于时延匹配的好坏。对于给定的一组均衡滤波器参数（m 和 q），这取决于所需的时延与采样周期的整数倍的接近程度。一般来说，这会因一个阵元到另一个阵元而有所不同，并取决于波束方向和元素间距。在特定情况下，所需的时延可能在采样周期内都是整数，在这种情况下，原则上匹配将是精确的，并且响应将是完全平坦的。在另一个极端，所需的时延可能都是半整数，这是匹配的最坏情况。然而，一般情况下，这会出现时延的扩散，并且性能会处于中间状态。如图 7.9 所示，观察方向上的增益是频率的函数。这里的频率轴是从中心的频率偏移，归一化到带宽，所以所显示的范围只是需要均衡的频带。对于该图，选择参数是为了包括上述两种极端情况。距离阵列中心 d 处的阵元所需的时延由式（7.28）给出，令 $c = f_0\lambda_0$，并除以采样周期 $\frac{1}{qF}$，采样周期阵元所需的时延为

$$\beta = (d/\lambda_0)q\sin\theta(F/f_0) \tag{7.30}$$

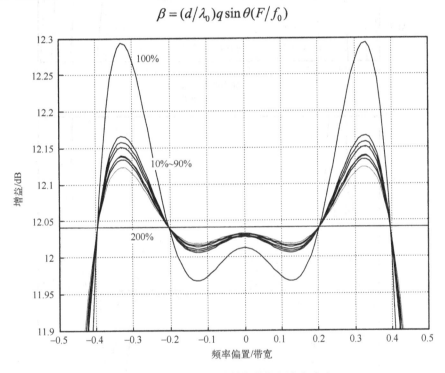

图 7.9　不同带宽下频率偏置的和波束响应

单元间隔增加到一个波长，因此单元位置被指定为 $(2n+1)/2$ 个波长（对于 16 个单元阵列，n 为 $-8\sim+7$ 的整数）。转向角保持在 $50°$，但 q 增加到 1.3054，因此 $q\sin50° = 1$。然后，由式（7.30）给出单元 n（在采样区间内）所需的时延为 $(2n+1)\left(\dfrac{F}{2f_0}\right)$。如果选择 $F = f_0$（100% 带宽的情况），所有的时延都是半整数（最差的情况），而如果 $F = 2f_0$（200% 的情况），则时延是整数，并且有所示的平坦的响应。其他曲线适用于 10%、20%、$\cdots$、90% 带宽的情况（不给出峰值纹波电平的单调序列，有一些曲线覆盖其他曲线），并且由于分数时延分布在整个范围内，因此结果几乎相同，并且介于极端情况之间。这些结果与带宽为 110%～190% 的结果相同，因此可以看出，在这种情况下（其中

$q\sin\theta=1$），r 和 $2-r$ 的分数带宽 F/f_0 的结果将相同。

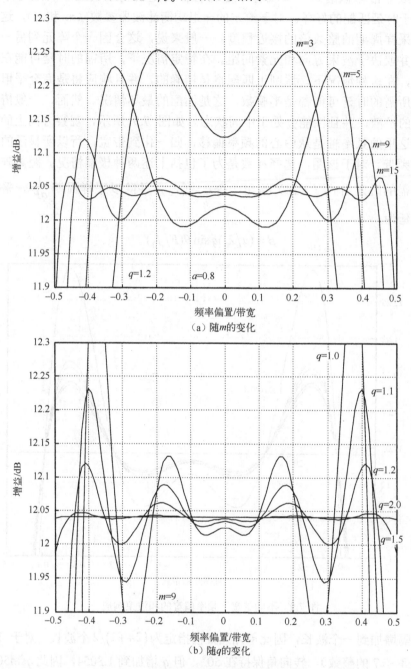

图 7.10　和波束频率响应随均衡参数的变化

对于 50%带宽的情况和 0.5 波长的阵列分离，均衡参数变化的影响如图 7.10 所示。在图 7.10（a）中，将采样率定为 1.2 或高于最小值 20%，并改变均衡滤波器中抽头 m 的数量。注意到，即使使用 3 个抽头滤波器，频带中心的纹波也相当小（比完全均衡的电平少 0.25dB），但在平顶区域内（−0.4～+0.4 带宽偏置），梯形频带边沿的增益却出现了相当快的下降。随着 m 的增加，响应改善，并且在 $m=9$ 时，增益仅在信号频谱的平顶之外急剧下降。当 $m = 15$ 时，均衡效果很好，增益波动只有几百分之一分贝。在图 7.10（b）中，滤波器长度保持在 9，并且相对采样率 q 是变化的。在没有过采样（$q = 1$）的情况下，9 个抽头滤波器确实实现了相当程度的均衡，但是在频带边缘附近有一个很大的波纹。随着过采样，这种情况会迅速减少，在 $q = 2$ 时，响应几乎是完美的。（应该注意，这些是标称增益图，对于 16 个阵元的阵列，理想值为 12.04dB。如果需要方向性，则应稍微校正，但任何校正通常都很小，特别是对于不太靠近光栅波瓣条件的较大阵列。）

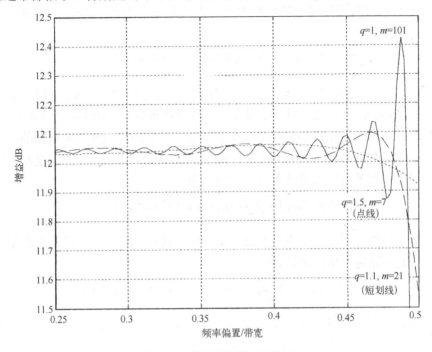

图 7.11　增加过采样率的影响

最后，图 7.11 清楚地显示了过采样的优点。在最小采样率下，有效均衡需要非常长的滤波器——在本例中，需要 101 个阵元（实线）以在响应中产生低波纹。如果采样率增加到 1.1，则滤波器长度仅为 21（短划线）时就会产生类似的波纹，这时所需的计算量减少为原来的五分之一。50%的过采样（点线）允许进一步降低至 3～7 个阵元。对于大多数雷达来说，平面阵列需要大量的阵元，这对每个信道中均衡器的复杂度降到一个适度的水平是重要的和有价值的；在一些应用中，对于中等程度的过采样，长度低至 3 或 4 的滤波器可能是足够的。

7.7　差波束均衡

本质上，我们把差波束方向图用和波束方向图角度的导数来表示。使用"正弦角"坐标 u，其中 $u = \sin\theta$，这简化了后续的表达式，特别是对于差波束斜率，但其他方面不影响正在说明的原理。（在这种情况下，针对 u 绘制的波束形状在扫描波束时保持不变。）因此，本节用 u 代替 $\sin\theta$，特别是在使用式（7.28）的方程式中。如果 $w_k(u_0)$ 是阵元 k 在 θ_0 方向输出的权重，其中 $u_0 = \sin\theta_0$，则根据频率和角度，得出总波束增益（阵列因子）为

$$g(u, f; u_0) = \sum_k w_k(u_0) \exp(2\pi i f \tau_k(u)) \tag{7.31}$$

对于窄带转向，取 $w_k(u_0) = \exp(-2\pi i d_k f_0 u_0/c)$，使得信号在中心频率 f_0 处沿观察方向 θ_0 进行同相求和。所得到的和是所有阵元的总和，[由式（7.28）]相对于阵列中心的信号时延 τ_k 由 $d_k u/c$ 给出，其中阵元与阵列中心的距离 d_k 为平均阵元位置，使得从该点测量的阵元位置之和为 0。

现在，定义差方向图角度上的响应为和波束的导数。由式（7.31），此波束相对于 u 的表示为

$$g'(u, f; u_0) = \sum_k w_k(u_0)(2\pi i f d_k/c) \exp(2\pi i f d_k u/c) \tag{7.32}$$

实际上，定义差波束不需要因子 f；只需要频率敏感元件时延补偿因子 $w_k(u_0) = \exp(-2\pi i f d_k u_0/c)$，就可以使信号在整个频带内进行同相求和。阵元间距 d_k 是权重因子，进行这些加权后，在观察方向上导致零增益。权重 $\{w_k\}$ 与和波束所需的权重相同，因此每个阵元需要相同的频率补偿。因此，除了式（7.32）中的因子 f 以及与频率无关的因子，我们在比例因子内定义差波束响应，表示为

$$h(u, f; u_0) = \sum_k w_k(u_0) i d_k \exp(2\pi i f d_k u/c) \tag{7.33}$$

然而，对于理想差波束，要求其在波束指向位置 θ_0 处相对于角度的斜率在整个频带上保持恒定，这是 h 相对于角度的导数：

$$h(u, f; u_0)' = -\sum_k w_k(u_0) d_k 2\pi f (d_k/c) \exp(2\pi i f d_k u/c)$$

在这种情况下，不能从表达式中删除变量 f，因为这不是斜率的定义，而是式（7.33）中定义的方向图得出的。忽略常数 $2\pi/c$，得到在比例因子内的差波束斜率：

$$s(u, f; u_0) = -\sum_k w_k(\theta_0) d_k^2 f \exp(2\pi i f d_k u/c) \tag{7.34}$$

式（7.34）中，f 是 RF 频带内的一个频率（即 $f_0 - F/2 < f < f_0 + F/2$）。但是如果想用基带频率来表示增益模式，用 $f_0 + f$ 代替 f，有 $-F/2 < f < F/2$。在这种变化下，下变频后基带频率 f 的响应（从指数因子中去掉 f_0）表示为

$$s(f, u; f_0, u_0) = -\sum_k w_k(u_0)(f_0 + f) d_k^2 \exp(2\pi i f d_k u/c)$$

重新乘以 f_0，重新定义 s 为

$$s(f, u; f_0, u_0) = -\sum_k w_k(u_0)(1 + f/f_0) d_k^2 \exp(2\pi i f d_k u/c) \tag{7.35}$$

这个响应随角度和频率而变化，但我们要求它独立于感兴趣方向 θ_0 的频率。因此，排除与频率有关的常数，可以看到，要补偿的频率变化现在是

$$S(f) = (1 + \phi f/F) \exp(2\pi i f \tau_k(u_0)) \tag{7.36}$$

式中，时延 τ_k 随阵元位置而变化。用 ϕ 表示函数 S，分数带宽为 F/f_0。

在将 S 的表达式代入式（7.6）和式（7.7）之前，和之前一样，我们注意对于带限信号，在 $|U(f)|^2$ 中有效地有一个因子 $\text{rect}(f/F)$，所以用这个 rect 函数乘以 $S(f)$ 与式（7.6）

和式（7.7）中的积分没有区别。因此，可以用下式替代 S 。

$$S(f)\mathrm{rect}\left(\frac{f}{F}\right)=\left(\mathrm{rect}\left(\frac{f}{F}\right)+\frac{\phi}{2}\mathrm{ramp}\left(\frac{f}{F}\right)\right)\exp(2\pi i f \tau) \tag{7.37}$$

将式（7.37）代入式（7.6）和式（7.7），替换 G ，得到

$$a_r=\int_{-\infty}^{\infty}\left(1+\frac{\phi}{2}\mathrm{ramp}\left(\frac{f}{F}\right)\right)|U(f)|^2\exp(2\pi i f(rT-\tau))\mathrm{d}f \tag{7.38}$$

和

$$b_r=\int_{-\infty}^{\infty}\left(1+\phi\mathrm{ramp}\left(\frac{f}{F}\right)+\frac{\phi^2}{4}\mathrm{ramp}^2\left(\frac{f}{F}\right)\right)|U(f)|^2\exp\left(2\pi i f(r-s)T\right)\mathrm{d}f \tag{7.39}$$

现在令 ρ_a 、 ρ_b 和 ρ_c 分别是 $|U(f)|^2$ 、 $\mathrm{ramp}(f/F)|U(f)|^2$ 和 $\mathrm{ramp}^2(f/F)|U(f)|^2$ 的逆傅里叶变换，并且令 $\tau=(k+\beta)T$ ，其中 $-0.5<\beta\leqslant0.5$ ， k 为整数。如前所述，假设通过获取适当的采样脉冲序列（例如，从移位寄存器获得）将时延补偿到采样周期的最接近整数倍 k ，并且只需要使用滤波器来均衡小数部分。通过介绍这些内容，用 βT 代替 τ ，式（7.38）和式（7.39）可以写成

$$a_r=\rho_a\big((r-\beta)T\big)+(\phi/2)\rho_b\big((r-\beta)T\big) \tag{7.40}$$

和

$$b_{rs}=\rho_a\big((r-s)T\big)+\phi\rho_b\big((r-s)T\big)+(\phi^2/4)\rho_c\big((r-s)T\big) \tag{7.41}$$

现在，对于梯形频谱[和 6.3.2 节式（6.45）一样]，有

$$|U(f)|^2=\frac{4}{(1+a)(1-a)F^2}\mathrm{rect}\left(\frac{2f}{(1-a)F}\right)\otimes\mathrm{rect}\left(\frac{2f}{(1+a)F}\right) \tag{7.42}$$

尽管函数 $\mathrm{rect}(f/F)$ 没有出现在这个表达式中，但是在乘以这个 rect 函数后谱函数将保持不变，因为式（7.42）中的 rect 函数的卷积的基宽为 $(1-a)F/2+(1+a)F/2=F$ ，和 $\mathrm{rect}(f/F)$ 一样。rect 函数在梯形函数为非零的区域内的值为 1，在梯形函数为 0 的区域内的值为 0。这证明式（7.37）中的论述是该 rect 函数可以包含在积分中，因此也可以包含在 S 中。

与式（6.45）一样，式（7.42）中的功率谱的傅里叶变换为

$$\rho_a(t)=\mathrm{sinc}\big((1-a)Ft/2\big)\mathrm{sinc}\big((1+a)Ft/2\big) \tag{7.43}$$

为了得到 $\mathrm{ramp}(f/F)|U(f)|^2$ 的变换 ρ_b ，由式（7.42）可知需要 ramp 函数与两个 rect 函数的乘积。现在，一般来说，不是 $u(v\otimes w)=(uv)\otimes w$ 的情况，而是 w 为在原点处的 δ 函数的特殊情况，那么，由 $\delta(x)\otimes y(x)=y(x)$ 得此关系为真[即 $u(v\otimes\delta)=uv=(uv)\otimes\delta$]。在这种情况下，当 a 接近于单位 1 时，较小的 rect 函数[具有因子 $\frac{2}{(1-a)F}$ ，以使其积分为单位 1]接近 δ 函数，并且将通过以下形式的卷积来重新排列乘积的小的近似值。

$$\mathrm{ramp}\left(\frac{f}{F}\right)|U(f)|^2\approx\frac{4}{(1+a)(1-a)F^2}\mathrm{rect}\left(\frac{2f}{(1-a)F}\right)\otimes \\ \mathrm{ramp}\left(\frac{f}{F}\right)\mathrm{rect}\left(\frac{2f}{(1+a)F}\right) \tag{7.44}$$

图 7.12 显示了比例的近似值。最低的轨迹（点线）是梯形下降沿的直线，其是用 δ 函数代替因子 $\left(\dfrac{2}{(1-a)F}\right)\mathrm{rect}\left(\dfrac{2f}{(1-a)F}\right)$ 的结果。最高轨迹（实线）是在此区间内由梯形边沿与 ramp 函数的乘积给出的浅二次方曲线，并且是正确的形状。中间的轨迹（短划线）是一个更浅的二次方曲线，对应于式（7.44），这是将窄 rect 函数与 ramp 函数和宽 rect 函数的乘积进行卷积的结果，如图 7.13 所示。（可以看出，中间的曲线实际上在其他两者中间。）差别可以看成非常小。不同的频谱形状，没有卷积，例如升余弦或高斯，这个问题没有出现。

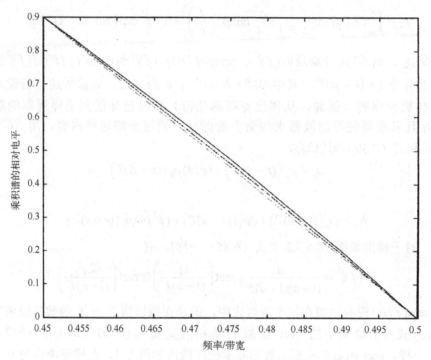

图 7.12　乘积谱近似值在梯形下降沿上的影响

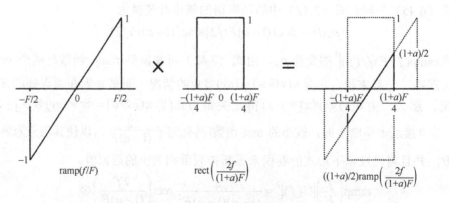

图 7.13　ramp 和 rect 函数的乘积

现在只考虑 ramp 函数和更宽的 rect 函数的乘积。由于 rect 函数比 ramp 函数更窄，因此乘积小于单位 ramp 函数（在其边缘达到+1 和-1 的值）。如图 7.13 所示，结果是一个加权的 ramp 函数；权重因子是 rect 函数的相对宽度 $(1+a)/2$。因此，变换后的频谱为

$$\text{ramp}\left(\frac{f}{F}\right)\left|U(f)\right|^2 = \frac{4}{(1+a)(1-a)F^2}\frac{(1+a)}{2}\text{ramp}\left(\frac{2f}{(1+a)F}\right)\otimes$$

$$\text{rect}\left(\frac{2f}{(1-a)F}\right) \tag{7.45}$$

使用 P13b 和 P3b、R5，逆变换为

$$\rho_b(t) = -\text{i}\left(\frac{1+a}{2}\right)\text{snc}_1\left(\frac{(1+a)Ft}{2}\right)\text{sinc}\left(\frac{(1-a)Ft}{2}\right) \tag{7.46}$$

最后，对于 ρ_c，要变换的函数是 $\text{ramp}^2(f/F)\left|U(f)\right|^2$，并且（再次通过重新排列表达式进行小的近似）可以看到 $\text{ramp}^2(f/F)$ 和 $\text{rect}(2f/(1+a))$ 的乘积是 $((1+a)/2)^2\text{ramp}^2(2f/(1+a))$，而且，再次使用 P13b，给出变换：

$$\rho_c(t) = -\left(\frac{1+a}{2}\right)^2\text{snc}_2\left(\frac{(1+a)Ft}{2}\right)\text{sinc}\left(\frac{(1-a)Ft}{2}\right) \tag{7.47}$$

用式（7.43）、式（7.46）和式（7.47）代替式（7.40）和式（7.41）中的 ρ_a、ρ_b 和 ρ_c，并令 $FT=1/q$，因为采样周期是（过采样）采样率 qF 的倒数，得到

$$a_r = \text{snc}_0(\alpha_1)\left(\text{snc}_0(\alpha_2) - \text{i}\frac{(1+a)\phi}{4}\text{snc}_1(\alpha_2)\right) \tag{7.48}$$

和

$$b_{rs} = \text{snc}_0(\beta_1)\left(\text{snc}_0(\beta_2) + \text{i}\frac{(1+a)\phi}{2}\text{snc}_1(\beta_2) - \frac{(1+a)^2\phi^2}{16}\text{snc}_2(\beta_2)\right) \tag{7.49}$$

式中

$$\alpha_1 = \frac{(1-a)(r-\beta)}{2q}, \quad \alpha_2 = \frac{(1+a)(r-\beta)}{2q}, \quad \beta_1 = \frac{(1-a)(r-s)}{2q}, \quad \beta_2 = \frac{(1+a)(r-s)}{2q}$$

使用这些 *a* 和 *B* 分量的表达式，计算每个阵元的均衡滤波器的权重，然后在图 7.14 中绘制与图 7.6 和图 7.7（a）的和波束图相对应的差波束图。然而，在这种情况下，我们用角度绘制线性响应（而不是对数功率响应）以显示响应在所需角度位置通过 0。均衡处理的参数是相同的，使用 5 个抽头均衡滤波器，过采样率为 20%，除了梯形信号频谱现在有 90%带宽的平顶。（这使得对窄矩形函数卷积的近似值实际上更接近于 δ 函数。）我们还采用了 100%的相对带宽（即等于中心频率），尽管图 7.8 显示相对带宽几乎没有影响。再次看到，均衡非常有效。注意到，虽然过程中使用的 *a* 和 *B*[以及式（7.48）和式（7.49）中给出的分量]是复数，但增益是实数，精度很高；这是因为要匹配的响应是实数。图 7.14（a）和图 7.14（b）是与图 7.6 和图 7.7（a）中的和波束等效的差波束。图 7.14（c）和图 7.14（d）更详细地显示了观察方向（50°）周围的区域，可以看到差波束增益（为 0 时）和该点的斜率已经精确匹配。

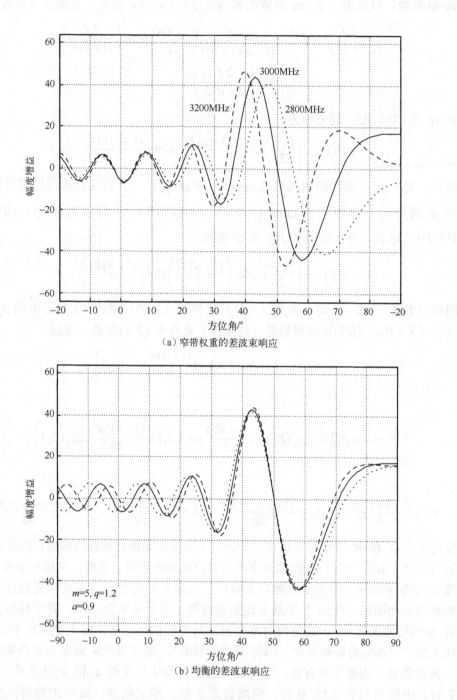

（a）窄带权重的差波束响应

（b）均衡的差波束响应

图 7.14　不同波束响应

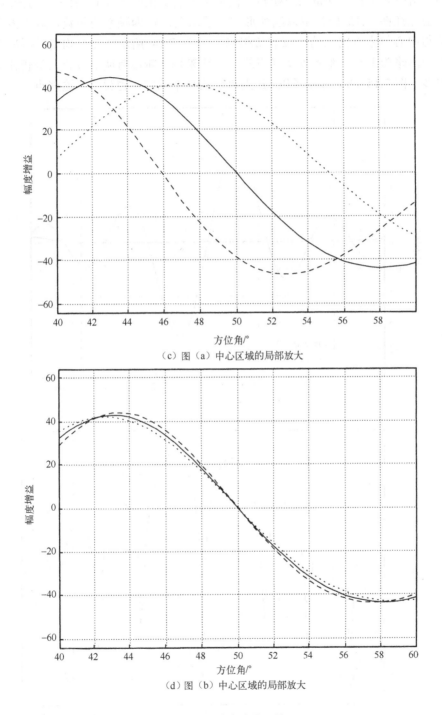

（c）图（a）中心区域的局部放大

（d）图（b）中心区域的局部放大

图 7.14　不同波束响应（续）

　　与之前一样，将转向方向上的响应视为频率的函数；在这种情况下，要求该方向上的增益为零，斜率为常数。基带增益在归一化带宽上的变化如图 7.15 所示，与图 7.14 的参数相同。首先在图 7.15（a）中以线性形式显示增益。作为频率的函数，观察方向上的不均匀响应与中心频率方向上的响应非常相似，如图 7.14 所示。完全均衡的响应非常好，仅在频带边沿略微上升。整数均衡（点线）仅比未均衡响应有明显改善，但仍比完全均衡情况差得多。图 7.15（b）显示了以 dB 为单位的功率响应，也说明了这些点。

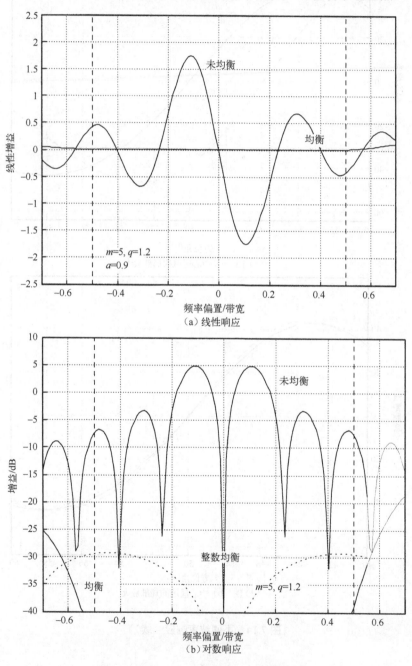

图 7.15　针对频率偏移的差波束增益响应

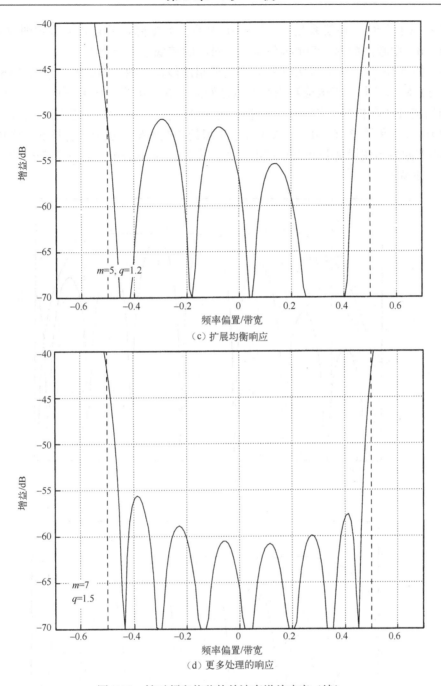

图 7.15 针对频率偏移的差波束增益响应（续）

图 7.15（a）和图 7.15（b）都不能清楚地显示在整个频带的观察方向上增益保持在零的程度。改变刻度，如图 7.15（d）所示，增益波纹比差波束响应的峰值低 55dB 以上，并且只有 5 个抽头滤波器和 20% 的过采样。增加这两个参数中的任何一个都会迅速将波纹级别降低到更低的值，如图 7.15（d）所示，其中由 7 个抽头和 50% 的过采样，使波纹在频带中心点处降低约 10dB。我们注意到波纹方向图在外观上是非对称的。事实上，如果对差波束进行了最佳均衡就会是这样，这只需要时延补偿，而不是它的斜率。在这种情况下，我们均衡了图形斜率，这只需要时延补偿和幅度随频率的变化，如式（7.35）所示，

当幅度随频率上升时，补偿系数（如图 7.4 中的 K）下降，并且我们看到图 7.15（c）和图 7.15（d）中较高频率一侧的波纹确实比对应的较低频率一侧的小。

最后，图 7.16 中显示了图 7.15 中使用的两组滤波器参数的均衡斜率。图 7.16（a）和图 7.16（b）显示了非均衡响应和均衡响应之间的差异。可看到均衡非常有效。仅使用积分时延的均衡方法有相当大的改进，但仍远远不够。图 7.16（b）中使用的较高采样率稍好。图 7.16（c）和图 7.16（d）放大了几乎平坦的均衡响应。在第一种情况，变化仅小于 1dB，但随着滤波器稍微变长和采样率的增大，变化仅约 0.15dB（除了在频带边沿，其信号功率迅速下降）。

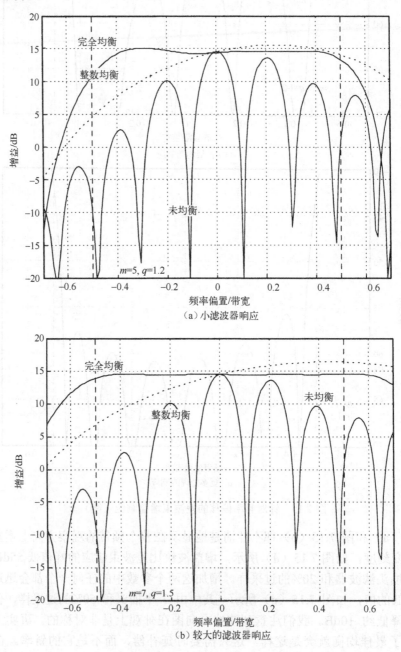

（a）小滤波器响应

（b）较大的滤波器响应

图 7.16 　差波束斜率

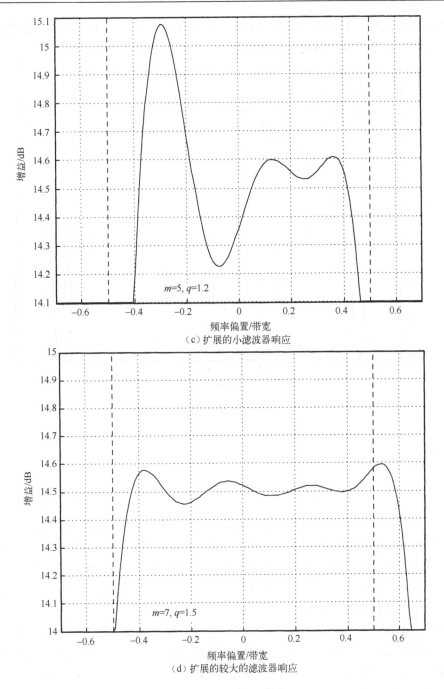

图 7.16　差波束斜率（续）

应该强调的是，图 7.15 和图 7.16 是 100%带宽的情况下——带宽等于中心频率（如 100～300MHz）。如图 7.9 指出的那样，分数带宽不是很重要，当然，除了随着实际带宽的增加，采样率会相应的增加，因此虽然原则上可以在显著分数带宽上实现均衡，在实践中，可能很难以足够快的速度进行采样（而过采样虽然非常理想，但会增加这一困难）。如果考虑不同的带宽，只会看到初始均衡问题是不同的。图 7.17 显示了 20%带宽（例如 180～220MHz）的情况。我们发现，在非均衡响应中存在较小的灵敏度（较少的波瓣），但均衡结果是可比的。如果分数带宽足够小（例如 1%），不均衡响应可能足够平坦，不需要均衡，当然，这是在窄带解决方案充分时。

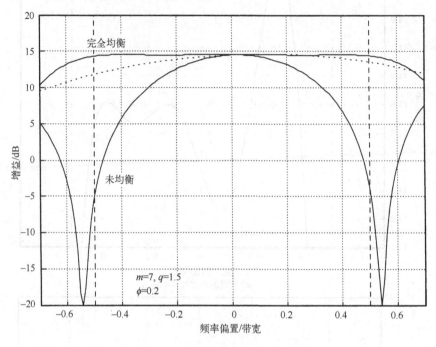

图 7.17   差波束斜率，20%带宽

7.8   小结

本章研究了线性相位变化（由于时延误差）和多项式幅度误差在感兴趣频带内的均衡。在后一种情况下，需要均衡的幅度响应可以表示为 ramp 函数的和。通过求解一个矩阵方程，得到了使信号频带上的加权均方误差最小的均衡权重，其分量为失真响应的傅里叶变换的值。因此，对于幅度畸变，需要 ramp 函数的变换，这些变换被发现是 sinc 函数的导数。将 ramp' - snc$_r$ 对包含在变换对集合中，现在有了工具来对一系列问题执行有效均衡，而无须明确地执行任何积分。

包括补偿幅度失真和时延失配，在证明该方法在单个通道上成功后，采用阵列形成和波束和差波束的情况。实际上，非常有效的均衡是可能的，并且，如第 5 章的插值研究所示，如果存在某种程度的过采样，非常短的均衡滤波器就足以实现高性能。这并不意味着采样率是最低采样率的几倍，而是通常只高出 20%或 50%。只采用了一个简单的阵列，由 16 个阵元组成，呈规则的线性配置，但该方法是通用的，也适用于更大的阵列和不同配置的阵列，如规则或不规则、平面或立体阵列。每一个复杂的数字信道（无论是由单个阵元还是子阵列馈送）都有一个需要均衡的时延和幅度响应，并且过程是相同的，但是阵元是分布的。

在这个例子中，阵元被认为是与频率无关的，所以和波束均衡只需要时延补偿。然而，对于差波束斜率，还需要线性幅度补偿。如果这些阵元是对频率敏感的，那么均衡就可以包括这种效果。图 7.18 中说明了和波束上的阵元幅度灵敏度（与 RF 处的频率成比例）。阵元响应（以及类似的非对称部分均衡响应）在更高频率下的非均衡响应中有更高的波瓣，但当时延滤波器仅有 5 个抽头和 20%过采样时，均衡响应在高精度上是平坦的。

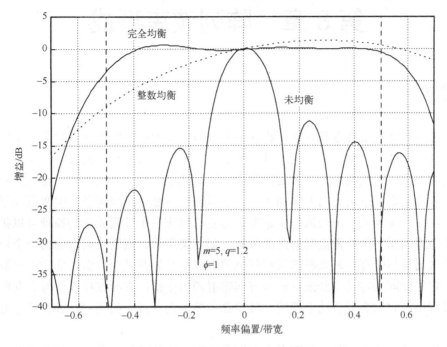

图 7.18 频率敏感单元的和波束增益

最后，均衡的有效性在很大程度上与实际的分数信号带宽（带宽与中心频率的比例）无关，并且可以处理高达 200%（从 0 到载波频率的两倍）的带宽，当然，更高的信号带宽需要更高的采样率（通过过采样进一步提高）。

第 8 章　阵列波束形成

8.1　引言

本章考虑如何应用规则和对技术将孔径分布与天线波束方向图联系起来，特别是对于由相似阵元的线性阵列构成的天线。波束形成建议使用主波束形成天线方向图，并将其指向感兴趣的方向，这确实是一个重要的应用。这是通过对接收（或发射）信号进行加权来实现的，以便它们在给定方向上同相求和。这里的权重是复相位因子，但幅度因子也可用于调整方向图，尤其是给出较低的主副瓣。将复权重应用于阵列元素的原理可以扩展为形成其他增益方向图，例如覆盖宽扇区的波束，如下文所示。规则阵列出现的一个问题是栅瓣。这些（通过与带有衍射光栅的天线阵列的近似命名）在几个方面是非常不可取的。在接收时，它们使阵列容易受到来自波瓣方向辐射源的干扰，并导致接收信号方向的模糊。在传输过程中，它们会造成功率浪费，减少在所需方向上发射的功率，并在其他方向造成干扰。

首先展示了线性孔径分布和波束方向图之间的傅里叶变换关系。这种关系在一般情况下是成立的，包括对于连续分布，但随后将研究局限于多阵元阵列，它们实际上是离散采样孔径。在均匀或规则（等间距）线性阵列的情况下，孔径分布是 comb 函数的形式，comb 函数的变换是 rep 函数。对于这种阵列，规则和对方法很有效，易于应用于适当的问题。给出两组例子。一个例子需要简单的波束（进一步研究低副瓣方向图的变化），其他例子生成以均匀增益电平覆盖扇区的波束。

如果阵列阵元不是均匀分布的，那么 comb/rep 变换的便利性将不再适用，因此需要更通用的最小二乘误差解。由于傅里叶变换也是一个最小二乘误差解，所以这种通用方法，如果应用于均匀阵列的情况，即使不能很直接地得到，但也能得到相同的解。通用方法仍需要傅里叶变换，并将在 8.4 节中介绍。虽然不能在一般的阵列情况下使用孔径的傅里叶变换，但在确定用于获得权重的矩阵和向量的分量时，仍然需要使用这种变换。傅里叶变换对于关于权重和模式之间关系的一般结果也很有用，如 8.2 节和 8.3 节所示。

本章只考虑窄带的情况，在这种情况下，带宽足够小，以使孔径两端的时延效应可以充分近似为工作中心频率上的相移。这个条件适用于非常广泛的无线电和雷达问题，但如果不适用，则可以采用第 7 章中的均衡方法。我们也只考虑线性孔径的情况，同样，这是非常广泛遇到的，并且在均匀线性阵列（ULA）的形式中特别适合用规则-对方法进行分析。此外，该线性解也适用于规则的矩形平面阵列，其中二维方向图（例如，在余弦坐标 u 和 v 方向）仅是正交线性孔径给出的两个方向图的乘积。

8.2　基本原则

给定一个线性孔径，远场信号强度与孔径上各点电流的和成正比，该值由相位因子加权，相位因子取决于孔径的位置和要计算响应的方向[见图 8.1（a）]。我们考虑在远场中 θ 方向上接收的信号，从宽边到线性阵列（最初未加权）进行测量。我们考虑一个信号，相位为 $\phi(t)$，沿 OX 线应用于阵列单元。远场中 θ 方向上的点将 OP 线上的点视为等距，因此实际上，该方向上的远场响应由沿该线（或任何平行线）的信号相位总和给出。由于 X 点的相位是在时间 τ 之前的 P 点的相位，其中 τ 是沿 PX 移动所需的时间，因此 X 点相位为 $\phi(t)$ 与 P 处相位为 $\phi(t+\tau)$ 的信号的辐射源相同。我们注意到 $\tau = \dfrac{x\sin\theta}{c}$，式中 c 为光速，x 为单元 X 与原点的距离。P 点信号频率 f_0 的相位为 $2\pi f_0(t+\tau) = \phi(t) + 2\pi f_0\tau = \phi(t) + \dfrac{2\pi x\sin\theta}{\lambda_0}$，式中 λ_0 是此频率处的波长（所以 $f_0\lambda_0 = c$）。因此，X 点与 O 点有效贡献的不同之处在于复因子 $\exp\left(\dfrac{2\pi ix\sin\theta}{\lambda_0}\right)$。

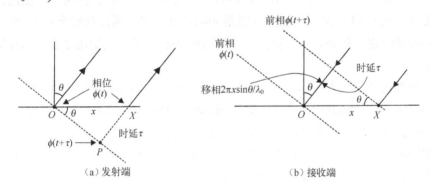

图 8.1　孔径移相

如果信号通过（复）幅度因子 $a(x)$ 在整个阵列上加权，那么将沿阵列的贡献相加，比例因子内的增益为

$$g(\theta) = \int_{-\infty}^{\infty} a(x)\exp\left(\frac{2\pi ix\sin\theta}{\lambda_0}\right)\mathrm{d}x \qquad (8.1)$$

同样的考虑也适用于接收端。在这种情况下，平面波前从如图 8.1（b）所示的远处的辐射源接收。如果 O 点的相位为 $\phi(t)$，X 处波前的相位为 $\phi(t+\tau)$，此波前时间 τ 后到达 O 点。这给出与前面给出的相同的移相，并且，对于加权因子 $a(x)$，接收增益有相同的表达式（8.1）。

一般来说，a 是复数，并且以相位因子 $\exp\left(-\dfrac{2\pi ix\sin\theta}{\lambda_0}\right)$ 的形式提供正确的补偿，以将光束转向 θ 方向（用于发射和接收）。这补偿了单一频率下的时延。对于宽带转向，需要补偿时延，而不仅仅是相位——也就是说，需要将施加在 X（或 X 处接收）的信号相对于阵列原点的信号时延 τ。如本章后面所讲，以幅度渐减的形式，通过向阵列边缘施加较小的权重，可以产生较低的副瓣。

　　式（8.1）中的积分覆盖了 x 的整个区域，尽管在有限孔径的情况下，$a(x)$ 在这个有限区域外为 0。可以方便地以工作波长 λ_0 为单位定义阵列，因此本章随后用 x 代替 x/λ_0。如果我们也如 7.7 节那样，定义 $u = \sin\theta$，那么式（8.1）变成（在比例因子内，现在包括 λ_0）

$$g(u) = \int_{-\infty}^{\infty} a(x)\exp(2\pi i x u)\,\mathrm{d}x \tag{8.2}$$

并且 g 是孔径分布 a 的傅里叶反变换，相应地，分布 a 是图 g 的傅里叶变换。然而，必须谨慎看待这一点，因为尽管式（8.2）定义了当 $|u|>1$ 时 $g(u)$ 的值，但这些 u 值并不对应于实际指向。如果想确定给定方向图的孔径分布，并且仅对实际角度 $-\pi/2 \leqslant \theta \leqslant \pi/2$ 定义方向图，那么我们只有在这个有限的 u（$-1 \leqslant u \leqslant 1$）范围内的该积分的信息。然而，如果 g 可以被定义为 u 范围内的所需函数，即使该函数超出了这个范围之外，那么可以在整个 u 域上进行积分，得知合成孔径分布 a 将给出基本间隔内所需的方向图。一个示例是均匀孔径分布 $a(x)=\text{rect}(x/X)$，其中孔径由 $-X/2 \leqslant x \leqslant X/2$ 给出，并且该分布在此间隔内是均匀的。其变换是在一个 $\pm 1/X$ 处有第一零点的 sinc 函数响应，表示为 $g(u)=X\,\text{sinc}(Xu)$。对于实际角度上的方向图，该响应在 $\pm\pi/2\,\text{rad}$（即对于 $u=\pm1$）处被减小。然而，如果假设真实角度（$-1 \leqslant u \leqslant 1$）上所需的方向图是 $\text{sinc}(Xu)$，那么通过在整个 u（$-\infty < u < \infty$）范围内对 $\text{sinc}(Xu)$ 进行积分，可以得到孔径分布的 rect 函数，它给出了真实角度区域中所需的方向图。

　　然而，仍然应该谨慎对待这一点，因为我们可以使用函数 $\text{rect}(u/2)\text{sinc}(Xu)$，它在实际角度区域中给出正确的响应，但会变换成 $\text{sinc}(2x)\otimes\text{rect}(x/X)$，这不是相同的权重分布。尽管如此，这些权重将在实际角度区域给出正确的方向图。

　　对于相同阵元的阵列，它们的方向图（如果不是全方位的）是相似的，可以将阵列响应分成一个阵列因子，阵列因子用全向阵元给出，并且阵元因子在每个角度处乘以阵列因子。阵列因子通过将每个阵元的贡献与适当的相位因子相加得到，如式（8.1）所示。对于一个阵列单元，其有一个采样孔径；仍然可以使用傅里叶变换，但是孔径分布现在用一组 δ 函数来描述。如果此阵列是一个规则的线性阵列，我们注意到一个规则的 δ 函数集合对应于一个周期函数的变换，因此在这种情况下，期望阵列因子是周期的。如果不希望方向图在真实角度区域内是周期性的，则可以使该周期在该间隔中只有一个周期，这就要求它在 u 内以 2 为周期进行重复。这对应于阵元间隔为 $1/2$（即半个波长），对于所有转向方向，这是一个众所周知的无栅瓣方向图的结果。（它也可能有比 2 大的重复周期，但这需要一个比半波长更近的阵元间隔；然而，这是不可取的，这增加了相互耦合，并且在传输时会引起驱动阻抗问题。）如果主瓣狭窄，并且固定在阵列的侧面（在 $\theta=0$），则可以允许 u 中的重复周期略大于 1，这对应于一个波长以下的阵元间隔。（当 u 为一个单位周期时，主波束（即栅瓣）将在 $u=\pm1$ 处出现重复，它位于阵列的直线上，当然也会出现在 u 的较高的积分值处，而这些积分值并不在真实的角度空间中。）

　　最后，我们注意到，当 $\sin(\pi-\theta)=\sin\theta=u$ 时，如果考虑 $-\pi$ 至 $\pi\,\text{rad}$（或 $-180°$ 至 $+180°$）的阵列因子方向图，看到 $90°\sim180°$ 的方向图是 $90°\sim0°$ 方向图的大约 $90°$ 的反射，并且类似地在另一侧——换句话说，该方向图具有阵列线的反射对称性。因此，如果

主瓣是在角度 $\theta_0°$ 处产生的，那么在角度 $180-\theta_0°$ 处将会有一个相同的波瓣，并且，特别地，如果（在 $0°$ 处）存在一个宽带主波束，那么在 $180°$ 处将会有一个大小相等的波瓣。本章最后以反射面背衬阵元为例，其在 $-\pi/2 \leqslant \theta \leqslant \pi/2$ 时，有一个 $2\sin[(\pi/2)\cos\theta]$ 的方向图；在 $\pi/2 \leqslant |\theta| \leqslant \pi$ 时，响应为 0，这消除了反向的不希望的响应。

8.3　均匀线性阵列

8.3.1　定向波束

首先，考虑在宽度为 X 的孔径上均匀加权。如果阵元间隔是 d 波长，那么孔径分布函数为

$$a(x) = \mathrm{comb}_d[\mathrm{rect}(x/X)] \tag{8.3}$$

（由 P3b、R5 和 R8b 得）波束方向图为

$$g(u) = (X/d)\mathrm{rep}_{1/d}[\mathrm{sinc}(Xu)] \tag{8.4}$$

如果希望波束在某个方向 u_1 上转向，那么就需要要求方向图的形状为 $\mathrm{sinc}(X(u-u_1))$ 而不是 $\mathrm{sinc}(Xu)$；这将使 sinc 函数的峰值位于 u_1 处而不是 0 处。（用 R6a）转换回孔径域，要求分布为

$$a(x) = \mathrm{comb}_d[\mathrm{rect}(x/X)\exp(-2\pi i u_1 x)] \tag{8.5}$$

可以看到，需要在孔径上放置一个适当的相位斜率来引导波束（即在角度域偏移它）。另一方面，如果在孔径域中偏移阵列，从而使分布由 $a(x) = \mathrm{comb}_d\big(\mathrm{rect}((x-x_1)/X)\big)$ 给出，那么（通过 R6b）方向图为

$$g(u) = (X/d)\mathrm{rep}_{1/d}\big[\mathrm{sinc}(Xu)\exp(2\pi i u x_1)\big] \tag{8.6}$$

并且存在一个相位斜率，它的角度贯穿方向图。这在实践中几乎没有意义，因为通常没有理由组合或者比较在远场不同点接收到的信号。如 8.3.3 节结尾所述，该结果可用于帮助均衡发射阵列各单元的功率电平。

u 域和实际角度域的图之间的区别如图 8.2 所示。取一个 16 单元的阵列，单元间距为 2/3 波长，此时 u 中方向图的重复周期为 1.5。这显示在图 8.2（a）中（以 dB 形式表示），并且该方向图由式（8.4）描述，按期望的方式重复，即使区间 [-1, 1] 之外的 u 值不对应于实际的角度。垂直线表示与实际角度相对应的 u 方向图的线段。在图 8.2（c）中，波束被转向至 $60°$（$u = 0.866$），并且方向图也已经移动，因此第二个波束（栅瓣）位于此区间内。图 8.2（b）和图 8.2（d）显示了在整个 $360°$ 区间内绘制的相对应的实际波束。这些图显示出两个显著的差异——随着波瓣的变宽，方向图向 $\pm90°$ 方向拉伸，并且在这些方向上存在反射。如果 u 空间和角度空间的方向图用 g_u 和 g_θ 表示，那么在 θ 方向上的增益可以表示为 $g_\theta(\theta) = g_u(\sin\theta)$。

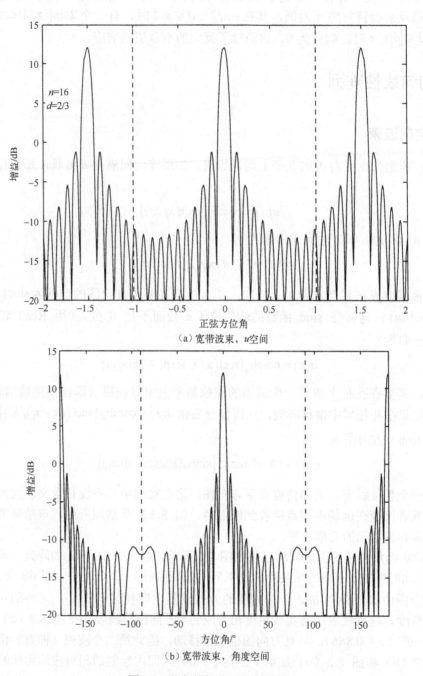

（a）宽带波束，u空间

（b）宽带波束，角度空间

图 8.2　均匀线性阵列的方向图

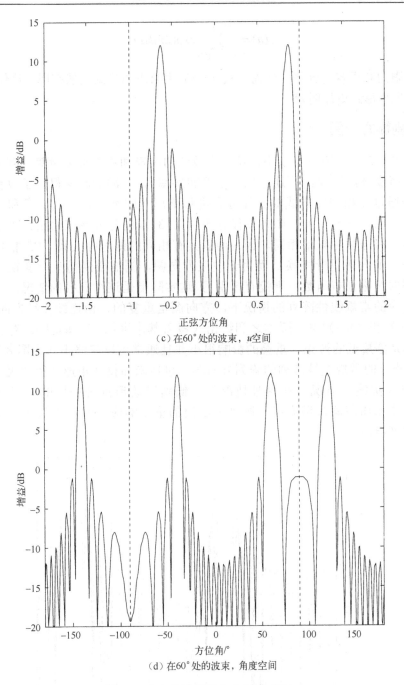

（c）在 60° 处的波束，u 空间

（d）在 60° 处的波束，角度空间

图 8.2　均匀线性阵列的方向图（续）

在绘制该曲线时，没有使用式（8.4），因为这需要对大量的（原则上是无数个）sinc 函数进行求和。式（8.3）中给出的孔径分布可以表述为

$$a(x)=\sum_{k=-(n-1/2)}^{(n-1)/2}\delta(x-kd)\qquad(8.7)$$

式中，n 为孔径 X 中的阵元数量[因此，$(n-1)d\leqslant A<nd$]。通过 P1a 和 R6b，式（8.7）的逆变换为

$$g(u) = \sum_{k=-(n-1/2)}^{(n-1)/2} \exp(2\pi i k d u) \qquad (8.8)$$

并且这个有限的和更容易计算。然而，式（8.4）中给出的形式仍然有用，这使得 u 域中方向图的周期性形式更加明确。

8.3.2　低副瓣方向图

在 3.2 节、3.3 节和 3.6 节中，从产生较低的副瓣和将频谱能量集中到主瓣的意义上说，通过减少脉冲边缘的不连续性（幅度和斜率），脉冲的频谱得到了改善。相同的原理适用于通过以相同的方式对孔径分布进行整形（或加权、逐渐变窄和阴影化）来改善天线方向图——事实上，如果孔径分布由第 3 章的脉冲形状给出，则波束方向图（在 u 空间）将与脉冲频谱相同，因为两者具有相同的傅里叶关系。（严格地说，对于脉冲谱，需要前向傅里叶变换；而对于波束方向图，则需要逆傅里叶变换。但是，对于经常遇到的对称分布函数，则没有区别。）这实际上是连续孔径的情况，但是在与采样孔径相对应的常规线性阵列的情况下，方向图是重复的，由连续孔径方向图[矩形分布见式（8.4）和（8.6)]重复版本之和给出（覆盖基本区间 $-1 \leqslant u \leqslant 1$）。对于相当窄的波束，尤其是副瓣低的波束，重叠的影响很小并且通常可以忽略不计。图 8.3 显示了同样是 16 个阵元的常规线性阵列的阵列方向图，包括未加权（矩形孔径加权，点线）和升余弦加权（实线）情况。在这种情况下，低副瓣波形重叠的影响显然可以忽略不计。因此，本节将忽略离散孔径（阵列）给出的重复响应，并探索从连续孔径获得低副瓣图案的可能性。

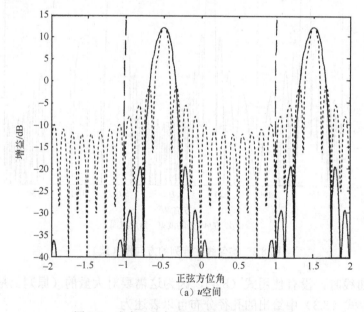

图 8.3　升余弦均匀线性阵列的波束方向图

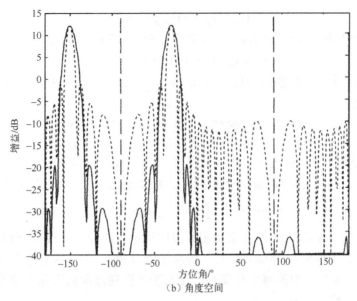

图 8.3 升余弦均匀线性阵列的波束方向图（续）

在升余弦情况下，孔径分布由 $\text{rect}(x/X)\left(1+\dfrac{\cos 2\pi x}{X}\right)$ 给出，其变换（见 3.6 节，用

$X=1/U$ 代替 $2T=1/f_0$，并省略比例因子）为 $\text{sinc}(u/U)+\dfrac{1}{2}\text{sinc}[(u-U)/U]+\dfrac{1}{2}\text{sinc}[(u+U)/U]$。

图 8.2 所示同时显示了 u 空间和有角度的响应，阵元间距为 0.5 波长，因此，u 中的重复周期为 2[见图 8.3（a）]，波束指向为 −30°。尽管代价是主瓣变宽，但是加权在降低副瓣电平方面非常有效。

显然，可以应用不同的加权函数，通过傅里叶变换获得相应的波束方向图，但这只是在第 3 章的基础上进行的。第 3 章研究了各种形状的脉冲及其频谱。取而代之的是，本章研究了两种其他改进模式的可能性，这些改进不一定是实际应用，而是作为此类可能感兴趣的问题的解决方法的例证。首先，注意到图 8.3 中的主瓣由主 sinc 函数和两个半幅度 sinc 函数之和组成，每侧偏移一个自然波束宽度（倒数孔径；这实际上是低于峰值 4dB 处的波束宽度）。这表明继续使用 sinc 函数可以获得进一步的改进。通过在这些位置放置相反符号的 sinc 函数，可以减小最大旁瓣，接近 ±2.5 波束宽度区间。这必须非常精确地完成，因为这些旁瓣已经低于峰值约 −31dB，或在 0.028 的相对幅度处，因此，例如 1% 的幅度误差不会带来太大的改善。为了找到这些峰的位置，可以用牛顿法得到函数的零点。在这种情况下，函数是方向图的斜率，因为需要的是波瓣的位置，而不是零点。这个讨论忽略了重复函数的重叠，因为对于中等大小的孔径（例如 16 单元阵列的孔径，它实际上是 8 个波长），重叠的影响很小，特别是在低旁瓣的情况下——事实上，通过去掉 rep 函数，正在研究连续孔径的方向图。另外，因为 U（在 u 空间）只是一个比例因子，以波束宽度 U 为单位画出方向图。

对上述波束形状 $g(u)$ 的表达式求微分，得到它的斜率 $g'(u)$，有

$$g'(u)=(\pi/U)\left(\text{snc}_1(u/U)+\frac{1}{2}\text{snc}_1[(u-U)/U]+\frac{1}{2}\text{snc}_1[(u+U)/U]\right) \tag{8.9}$$

其中，如 7.3 节定义的那样[见式（7.17）]，πsnc_1 是 sinc 函数的导数。使用牛顿的逼近方法可以找到波瓣的峰值（斜率为 0 的点），有

$$u_{r+1} = u_r - g'(u_r)/g''(u_r) \tag{8.10}$$

且如果以 $v = u/U$ 来表示方向图的自然波束宽度，则式（8.10）变为

$$v_{r+1} = v_r - (1/U)\, g'(Uv_r)/g''(Uv_r) \tag{8.11}$$

式中，u_r 和 v_r 是 r 次迭代后的近似值。将式（8.9）中的 g' 和式（8.9）的另一个微分 g'' 代入式（8.11），得到

$$v_{r+1} = v_r - \frac{2\mathrm{snc}_1(v_r) + \mathrm{snc}_1(v_r - 1) + \mathrm{snc}_1(v_r + 1)}{\pi(2\mathrm{snc}_2(v_r) + \mathrm{snc}_2(v_r - 1) + \mathrm{snc}_2(v_r + 1))} \tag{8.12}$$

从 $v_0 = 2.5$ 开始，这个值迅速收敛（v_4 等于 v_3 到小数点后 4 位），在 $v = 2.3619$ 时给出 -0.0267 的值。加上 sinc 函数以抵消靠近 ±2.5 处的波瓣，现在 v 中的方向图为

$$g(v) = \mathrm{sinc}(v) + \frac{1}{2}\left[\mathrm{sinc}(v-1) + \mathrm{sinc}(v+1)\right] + 0.0267\left[\mathrm{sinc}(v-2.362) + \mathrm{sinc}(v+2.362)\right] \tag{8.13}$$

此方向图如图 8.4 所示，用升余弦阴影方向图进行比较（点线），原来的第一副瓣已经被去除，新的最大副瓣在 -40dB 左右，提高了近 10dB。为了找到给出这个方向图的加权函数，需要式（8.13）中的傅里叶变换。这几乎可以通过反向跟踪产生升余弦变换的路径来观察。更正式地说，有

$$g(v) = \mathrm{sinc}(v) \otimes \left\{ \delta(v) + \frac{1}{2}\left[\delta(v-1) + \delta(v+1)\right] \right. \\ \left. + 0.0267\left[\delta(v-2.362) + \delta(v+2.362)\right] \right\} \tag{8.14}$$

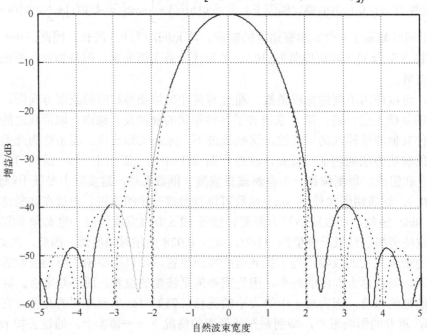

图 8.4 附带阴影化的 ULA 波束方向图

作傅里叶变换，得

$$a(y) = \mathrm{rect}(y)\left\{ 1 + \frac{1}{2}\left[\exp(2\pi i y) + \exp(-2\pi i y)\right] \right. \\ \left. + 0.0267\left[\exp(2\pi i 2.362 y) + \exp(-2\pi i 2.362 y)\right] \right\} \\ = \mathrm{rect}(y)\left\{ 1 + \cos(2\pi y) + 0.0534\cos(4.724\pi y) \right\} \tag{8.15}$$

与从归一化变量 $v = u/U$ 开始一样，这个分布是用归一化孔径 $y = x/X$ 表示。

显然，这可以被推广，因此，如果令方向图为

$$g(v) = \text{sinc}(v) \otimes \left\{ \delta(v) + \sum_k \alpha_k \left(\delta(v - \beta_k) + \delta(v + \beta_k) \right) \right\}$$

则权重可以表示为

$$a(y) = \text{rect}(y) \left(1 + 2 \sum_k \alpha_k \cos(2\pi \beta_k y) \right)$$

第二个例子产生了一个与主波束（并且为最大的波束）最接近的副瓣的方向图，所有副瓣几乎处于相同的水平，类似于泰勒加权给出的方向图。在这种情况下，采用距中心点 0、±1、±2、…、±n 自然波束宽度（倒数孔径单位）处的 sinc 函数之和给出方向图。这种情况不把 sinc 函数在 ±1 处的幅度取为 0.5。因此，再次使用归一化的 u 空间变量，有

$$\begin{aligned}
g(v) = \text{sinc}(v) &+ a_1 \left[\text{sinc}(v-1) + \text{sinc}(v+1) \right] \\
&+ a_2 \left[\text{sinc}(v-2) + \text{sinc}(v+2) \right] + \cdots \\
&+ a_m \left[\text{sinc}(v-m) + \text{sinc}(v+m) \right]
\end{aligned} \tag{8.16}$$

通过将增益设置为 $g(v_r) = g_r$ 形式的 m 个点处的特定值来确定 m 个系数。我们选择的值是旁瓣峰值处的恒定电平 A 或 $-A$，其中 $20\lg(A)$ 是所需峰值电平的分贝形式。我们不知道这些峰值的确切位置，但是如果选择这些点为 sinc 方向图的零点之间的中间点，则应该在峰值点附近；因此，有

$$g(r + 1.5) = (-1)^{r+1} A \qquad (r = 1, \cdots, m) \tag{8.17}$$

当旁瓣峰值幅度的幅度以符号形式交替出现时，需要因子 $(-1)^{r+1}$。通过将式（8.17）中的条件代入式（8.16）给出 m 个方程组的集合，从而推导出矢量方程 $\boldsymbol{Ba} = \boldsymbol{b}$，其解为

$$\boldsymbol{a} = \boldsymbol{B}^{-1} \boldsymbol{b} \tag{8.18}$$

式中，$\boldsymbol{a}$ 包含所需的系数；$\boldsymbol{b}$ 的元素的表达式为

$$b_j = (-1)^{j+1} A - \text{sinc}(j + 1.5) \tag{8.19}$$

$\boldsymbol{B}$ 的元素的表达式为

$$B_{jk} = \text{sinc}(j - k + 1.5) + \text{sinc}(j + k + 1.5) \tag{8.20}$$

我们注意到，第一个点在 ±2.5 处，位于主瓣的边缘，而不是单独的旁瓣的峰值上，并且该值为正值，随后的点位于（或接近）旁瓣的峰值上，且符号交替出现。图 8.5 显示了由式（8.16）给出的两个具有式（8.18）系数的方向图，同样也与升余弦方向图进行了比较。在图 8.5（a）中，取 $m = 3$，所需电平为 -50dB。每一侧最近的两个波瓣被认为非常接近该电平——±2.5、±3.5 和 ±4.5 处的方向图电平通过构造可精确为 -50dB，但是波瓣的峰值不会正好在这些点上，所以实际的峰值将略高于所需的值。然而，这个效果良好的电平范围是有限的，图 8.5（b）显示它开始失败。在这种情况下，$m = 5$，标称电平为 -55dB。可以看到，在 ±4.5、±5.5 和 ±6.5 的波瓣上可以非常接近地实现此目的，但该方向图在 ±2.5 和 ±3.5 之间有凸起，使得波瓣明显高于指定的电平。尽管如此，这些是良好的副瓣电平，并且很容易获得。当设计为 -50dB 旁瓣时，方向图表现良好，但当指定的电平约为

–48dB 或更高时，接近 ±2.5 处的第一旁瓣开始上升。一般来说，对于这些方向图，系数 a_1 接近 0.5，而其他系数的幅度迅速下降。为了找到相应的加权函数，对方向图进行变换，得到

$$a(y) = \text{rect}(y)\left[1 + 2a_1\cos(2\pi y) + 2a_2\cos(4\pi y) + \cdots + 2a_m\cos(2m\pi y)\right] \quad (8.21)$$

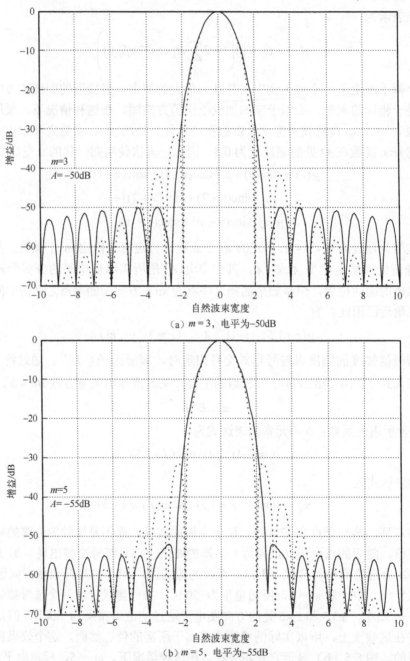

（a）$m = 3$，电平为–50dB

（b）$m = 5$，电平为–55dB

图 8.5　恒定电平副瓣方向图

这是在归一化点 $y = x/X$ 处进行评估的，其中 $x = kd$ 和 $X = nd$，因此对于 n 个单元的阵列，有 $y = k/n$，$k = -(n-1)/2$ 至 $(n-1)/2$。

8.3.3　扇形波束

现在考虑一个完全不同的问题——在扇区上提供用于接收或发射的平坦或恒定增益的波束，该波束通常比自然波束宽度宽。在这种情况下，由于希望扇区增益在一个区间内是恒定的（简单起见，取归一化的幅度），它将具有 $\text{rect}(u/u_0)$ 的形式，其中，扇区的宽度为 u_0，最初以宽边为中心。对于均匀线性阵列，我们想要规则采样的孔径分布而不是连续的，因此将所需的方向图在 u 域中进行重复，表示为

$$g(u) = \text{rep}_U \left(\text{rect}(u/u_0) \right) \tag{8.22}$$

所以整个孔径的阵元权重为

$$a(x) = (u_0/U)\text{comb}_{1/U} \left(\text{sinc}(u_0 x) \right) \tag{8.23}$$

这是一个 sinc 函数的包络，其宽度与 $1/u_0$ 成正比，采样周期为 $1/U$ 波长，其中 U 是 u 域的重复周期。如果假设波束有一个角度宽度 θ_0，那么波束的边缘在 $\pm\theta_0/2$ 处，且相应的 u_0 的值由下式给出。

$$u_0 = 2\sin(\theta_0/2) \tag{8.24}$$

重要的是，由于变量之间的非线性关系，因此不能使 $u_0 = \sin\theta_0$。例如，如果我们选择 $\theta_0 = 90°$，那么第一个正确的表达式将使 $u_0 = \sqrt{2}$，第二个使 $u_0 = 1$；这实际上会给出一个 $60°$ 的波束，而不是 $90°$。

图 8.6（a）显示了以这种方式生成的扇形波束的示例，其权重应用于图 8.6（b）所示的阵元。孔径分布是一个采样的 sinc 函数，对于理想的方向图，原则上其应该扩展到覆盖整个 x 轴。在实际应用中，它被限制在 n 个阵元，因此可以被一个 rect 函数 $\text{rect}\left(\dfrac{x}{nd}\right)$ 有效选通，其中 $d = 1/U$ 是阵元之间的间距，nd 是有效的孔径。在这种情况下，$U = 2$，d 是半波长。此 rect 函数的傅里叶变换是一个相对较窄的 sinc 函数；它与一个无线阵列给出的理想矩形方向图进行卷积，产生如图 8.6 所示的波纹。该图为一个 21 个阵元的阵列产生的标称 $50°$ 的扇形波束（$-25° \sim +25°$）。

旁瓣波纹表示从该孔径发出的自然波束的宽度——第一零点之间的主瓣宽度将是其中两个旁瓣的宽度。当阵元个数为偶数时，分布在外形上有很大的不同，其在中心有两个相等的值，但波束方向图非常相似。旁瓣电平与阵元数量（或者无论这个数字是奇数还是偶数）之间没有简单的关系——这些电平随阵元数量和波束宽度的变化而变化。由于在 u 域中响应的重复形式，这些波瓣主要是对两个基本的方向图（如连续孔径给出的那样，其间隔为 $U = 1/d$）的卷积波纹进行求和的结果，并且它们有时可能会增强，有时可能会趋于抵消（例如，$90°$ 处的波瓣基本上是以 0 为中心的 u 空间的方向图和 2 处的方向图的下一重复形式的贡献之和。）因为扇形宽度的增加和波束边缘及它的重复形式变得更近，这些波瓣随着参数变化的起伏将趋于更大。

我们还注意到图 8.6（a）中后瓣的外观。在许多应用中，无论是在发射只有一半功率进入前向波瓣时，还是在接收当干扰或外部场噪声将通过该波瓣进入时，它都是不希望出现的。此波瓣可以通过在阵列后面四分之一波长处安装一个反射面来去除（见图 8.7）。将直接信号和反射信号相结合，可以有效地到达半波长后的点，并且包括在更密集的介质中反射的相位变化 π，对于与宽边成角度 θ 的信号，阵元响应变为 $2\sin(\pi\cos(\theta)/2)$。即

$\exp(\mathrm{i}(\pi/2)\cos\theta)-\exp(-\mathrm{i}(\pi/2)\cos\theta)=2\mathrm{i}\sin((\pi/2)\cos\theta)$；i 给出一个总的相移，不影响幅度响应。我们使用了一个事实，即四分之一波长的信号路径会导致 $\pi/2$ 弧度的相移。这在前半方位面中，（对于无限平面）在后半平面没有响应。这是一个具有单个宽波瓣的方向图（见图 8.7），比 ±60° 处的峰值低 3dB，并且将阵元的方向性提高了 6dB；部分增益（3dB）是由于将功率限制在阵元的一边，部分是由于将波束从 180° 半圆减少至 120° 波瓣。因为这个响应是如此平缓，所以它对中心位于或靠近宽边的扇形波束的形状几乎没有影响，尽管它会更明显地波束失真，指向前向扇形的边沿。

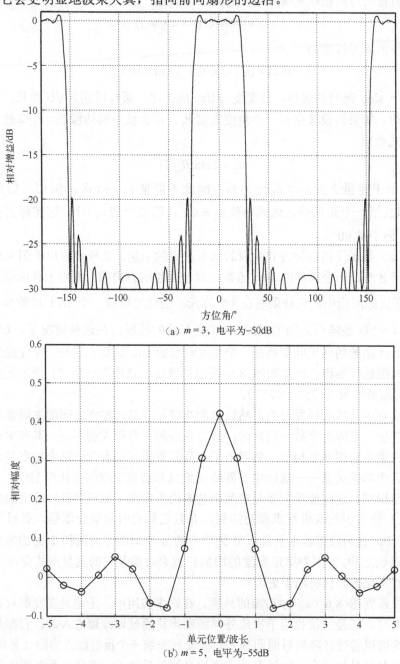

（a）$m=3$，电平为 −50dB

（b）$m=5$，电平为 −55dB

图 8.6　一个 12 单元阵列的 50° 扇形波束

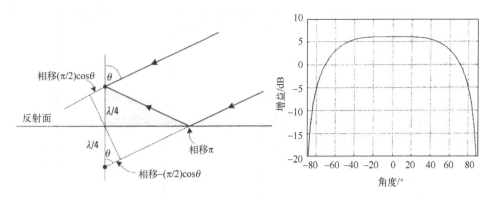

图 8.7　带反射器的阵元响应

如果想要引导波束使其中心位于 θ_1 且宽度仍为 θ_0，则其边缘位于 $\theta_a = \theta_1 - \theta_0/2$ 和 $\theta_b = \theta_1 + \theta_0/2$，并且相应的 u 值为 $u_a = \sin\theta_a$ 和 $u_b = \sin\theta_b$。在这种情况下，u 空间中波束的中心为 $u_1 = (u_b + u_a)/2$，其宽度为 $u_0 = u_b - u_a$。根据 u_0 和 u_1 的这些定义，由式（8.22），所需的扇形波束方向图为

$$g(u) = \text{rep}_U \left[\text{rect}(u - u_1)/u_0 \right] \tag{8.25}$$

（使用 R6a）其（前向）变换为

$$a(x) = (u_0/U)\text{comb}_{1/U} \left[\text{sinc}(u_0 x) \exp(-2\pi i x u_1) \right] \tag{8.26}$$

可看到，这需要在阵列单元上设置一个线性相位斜率；这对应于从这个方向接收（或发送到这个方向）的波形在整个孔径上的时延的影响，从而导致在载波频率 f_0 处有相位偏移。这需要一个无限的孔径（给出一个完美的矩形方向图）；对于有限的孔径，宽度在 nd 和 $(n+1)d$ 之间，在式（8.26）中的 comb 参数中包含了一个 rect 函数。将式（8.26）设为 δ 函数和的替代形式，如式（8.7）所示（但是在这种情况下，用 $(u_0/U)\text{sinc}(u_0 kd)\exp(-2\pi i kd u_1)$ 进行加权，其中 $d = 1/U$），进行逆变换得到

$$g(u) = \frac{u_0}{U} \sum_{k=-(n-1)/2}^{(n-1)/2} \text{sinc}(u_0 kd) \exp(2\pi i(u - u_1)kd) \tag{8.27}$$

实际仿真中，可替代式（8.25）。

图 8.8 说明了背向反射器阵列的转向扇形波束。在这种情况下，波束是由 12 个间距为半波长、宽度为 90°、中心在 20° 的阵元组成的均匀线性阵列形成的。为了进行比较，点线显示了全向阵元的响应（除了它会低 6dB，没有反射器单元的增益）。反射器去除了后瓣，也使扇形波束稍微失真。如式（8.26）所示，权重是复杂的，并且由于方向图被指定为实数，权重分布和其变换具有共轭对称性，实部对称，虚部反对称（见 2.3 节）。

到目前为止定义的扇形波束在整个扇区上具有相同的相位，因此，当用于发射时，远场接收的信号在距离阵列中心相同距离的所有方向上的点处有相同的相位。如果在方向图上设置一个相位斜率，不会改变在给定方向上传输的功率，但会改变所需的权重。在这种情况下，使斜率在单位范围 u 内产生 r 个周期的相位差，其中 u 空间中的相位变化是线性的。由式（8.25），现在所需的方向图为

$$g(u) = \text{rep}_U \left[\text{rect}\left((u - u_1)/u_0\right) \exp(2\pi i r u) \right] \tag{8.28}$$

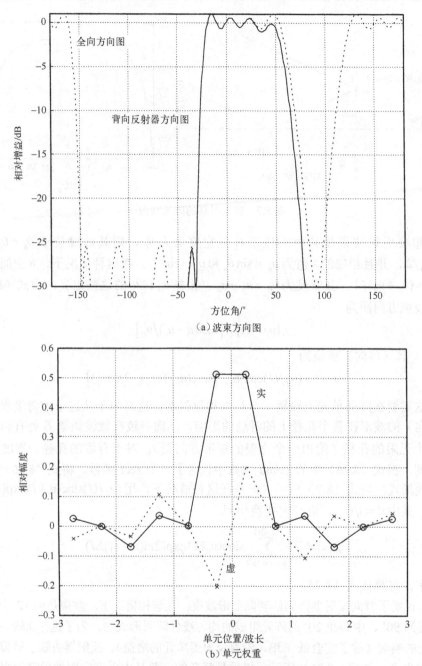

（a）波束方向图

（b）单元权重

图 8.8　12 个背向反射器单元的转向扇形波束

由式（8.28）的傅里叶变换给出的权重函数为

$$a(x) = (u_0/U)\text{comb}_{1/U}\left[\text{sinc}(u_0 x)\exp(-2\pi i x u_1)\otimes\delta(x-r)\right]$$
$$= (u_0/U)\text{comb}_{1/U}\left[\text{sinc}(u_0(x-r))\exp(-2\pi i(x-r)u_1)\right]$$

（8.29）

定义阵元权重的 comb 函数的 δ 函数集的包络随着此线性相位频率的 r 波长发生了偏移。

图 8.9（a）显示了一个 60° 扇形波束的阵列因子，该波束来自一个间隔半波长的 20 个阵元组成的阵列，并被转向至宽边。该波束还在每个单元 u 的一个周期内有一个相位斜率（即 $r=1$），这要求采样的 sinc 函数分布将权重从阵列中心偏移一个波长，如图 8.9（b）

所示。当在 ±30° 时，$u = \pm \dfrac{1}{2}$，该间隔内的相对变化应为 360°，如图 8.9（c）所示，显示了相对于波束中心的相位。斜率变化很小（由于有限孔径效应，导致振幅波动，并且由于方向图在角度空间的拉伸，与 u 空间相比，角度值更高），但接近设定值。

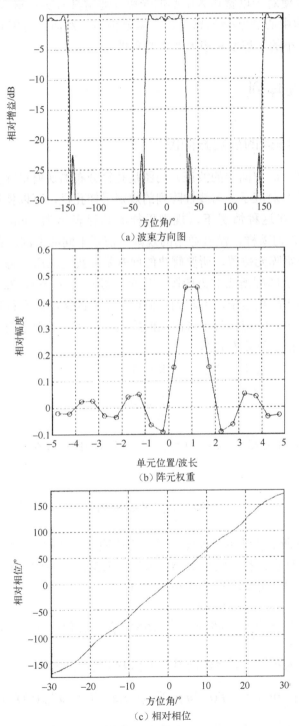

（a）波束方向图

（b）阵元权重

（c）相对相位

图 8.9　全波束相位变化的扇形波束

通过将扇区分成两个或多个具有线性相位斜率的子扇区，且如图 8.9（b）所示，同样偏置峰值幅度值，可以产生幅度更加均匀的波束，这对于发射阵列来说是可取的，每个阵元上都有类似的功率放大器。子扇区具有不同的相位斜率，因此这些扇区的峰值权重位于阵列上的不同点。即使对于以宽边为中心的光束（通常具有实权重），单元之间也会有相位变化，因为扇区的中心通常会偏离宽边，需要相移。然而，可能存在一些波束形状退化，难以平衡权重大小的平坦度和扇形波束的质量。

8.4　非均匀线性阵列

8.4.1　非均匀线性阵列的规定方向图

由式（8.2）可知，u 空间中的波束方向图是孔径分布的逆傅里叶变换，并且对于连续的孔径和（见 8.3 节）对应于均匀线性阵列的规则采样孔径，可以使用规则和对技术来获得有用的分布范围。在这种情况下，规则采样的孔径表示为 comb 函数，其变换根据 R8b。然而，对于非均匀采样，没有通用的规则，需要不同的方法。在这种情况下，给定所需的波束形状和一组阵元位置，所要解决的问题是要找到应用于每个阵元的权重，以便在最小二乘误差意义上匹配所需的方向图。这个问题与 6.3 节和 7.2 节中的问题非常相似。这里的方向图是指阵列因子，考虑到相似增益单元的情况，平行定向，因此实际阵列方向图是阵列因子和单元响应在每个方向上的乘积。当然，对于全向单元，阵列因子（在一个比例因子内）给出了整体方向图。

对于一个线性阵列，其孔径分布具有如下形式：

$$a(x) = \sum_{r=1}^{n} a_r \delta(x - x_r)$$

式中，阵元 n 位于位置 x_r 处，权重为 a_r。（在 u 空间中）增益的方向图由 $a(x)$ 的变换给出。

$$g(u) = \sum_{r=1}^{n} a_r \exp(2\pi i x_r u) \tag{8.30}$$

现在，设 $g(u)$ 是所需的波束方向图，不一定要通过式（8.30）中 n 个复指数的任意线性组合来精确实现。现在想找到给出最小二乘误差来拟合 $g(u)$ 的 n 个系数 a_r 的集合。设 u 点处的误差为 $e(u)$，定义 $f_r(u) = \exp(-2\pi i x_r u)$，有

$$e(u) = g(u) - \sum_{r=1}^{n} a_r \exp(2\pi i x_r u) = g(u) - \sum_{r=1}^{n} a_r f_r^*(u) = g(u) - \boldsymbol{f}(u)^{\mathrm{H}} \boldsymbol{a} \tag{8.31}$$

式中，$\boldsymbol{a}$ 和 $\boldsymbol{f}$ 是分量为 a_r 和 f_r 的 n 维向量（上标 H 表示复共轭转置）。e 模的平方为

$$|e(u)|^2 = |g(u)|^2 - \boldsymbol{f}(u)^{\mathrm{H}} \boldsymbol{a} g(u)^* - g(u) \boldsymbol{a}^{\mathrm{H}} \boldsymbol{f}(u) + \boldsymbol{a}^{\mathrm{H}} \boldsymbol{f}(u) \boldsymbol{f}(u)^{\mathrm{H}} \boldsymbol{a} \tag{8.32}$$

我们使用了 $\left(\boldsymbol{f}^{\mathrm{H}} \boldsymbol{a}\right)^* = \sum_k f_k a_k^* = \boldsymbol{a}^{\mathrm{H}} \boldsymbol{f}$。总平方差是权重 $\varepsilon(\boldsymbol{a})$ 的函数，由 $|e(u)|^2$ 在区间 I 上

的积分给出，其中区间 I 是在空间 u 内想要指定响应的区间。在某些情况下，这将是整个实角度区域，从 $u = -1$ 到 $u = +1$，但不一定是这样。因此，积分误差 $\varepsilon(a)$ 作为向量 a 的函数，表示为

$$\varepsilon(a) = \int_I |e(u)|^2 \, du = p - b^H a - a^H b + a^H B a \tag{8.33}$$

式中，$p = \int_I |g(u)|^2 \, du$；$b$ 和 B 的分量表示为

$$b_r = \int_I f_r(u) g(u) du = \int_I \exp(-2\pi i x_r u) g(u) du$$
$$B_{rs} = \int_I f_r(u) f_s(u)^* \, du = \int_I \exp(-2\pi i (x_r - x_s) u) du \tag{8.34}$$

使 ε 最小化的 a 的值（或者，更一般地来说，给出 ε 的一个固定点）a_0 由 $\partial \varepsilon / \partial a^* = 0$ 给出，或由式（8.33）得 $-b + B a_0 = 0$，因此，

$$a_0 = B^{-1} b \tag{8.35}$$

这给出了函数 $\{f_r\}$ 的权重集，在区间 I 内，该权重集在最小二乘意义上对函数 g 进行了最佳拟合，其中 b 和 B 的分量在式（8.34）中给出。这些分量是（正向）傅里叶变换的形式：如果 g 在区间 I 内，那么 b 的分量由 g 的傅里叶变换给出，在 x_r 处求值；如果 I 以 rect 函数的形式表示，那么 B 的分量由相应的 sinc 函数给出，在 $(x_r - x_s)$ 处求值。

8.4.2　非均匀线性阵列的扇形波束

首先，以规则的阵列形成扇形波束为例，令阵元间距为 d，因此 $1/d$ 是 u 域中方向图的重复周期 U。然后，看起来自然地选择 I 为区间 $[-U/2, U/2]$（即一个重复周期），以 $u = 0$（宽边）为中心，这相当于在式（7.34）的被积函数中包含因子 $\text{rect}(u/U)$。在这种情况下，B_{rs} 是 $\text{rect}(u/U)$ 在 $(x_r - x_s)$ 处的傅里叶变换，[即 $U \text{sinc}((x_r - x_s)U)$]。然而，由于 $x_r - x_s$ 是 d 的整数倍并且 $dU = 1$，则 sinc 因子除当 $x_r = x_s$ 外均为 0，因此 $B_{rs} = U \delta_{rs}$ 和 $B = UI$。对于宽度 u_0、中心在 u_1 的扇形波束，$g(u) = \text{rect}((u - u_1)/u_0)$，由于这被认为在 $\text{rect}(u/U)$ 内，所以乘积仍然是 $g(u)$。然后，b_r 是 $g(u)$ 在 x_r 处的傅里叶变换，并且这种情况下式（8.34）和式（8.35）给出的权重 a_r 与式（8.26）给出的权重完全相同，更直接地确定了傅里叶变换的解也是最小二乘误差的解。

对于规则的阵列，由式（8.34）和式（8.35）给出的解比式（8.23）的解更通用，因此可以找到不规则线性阵列的解，从而近似逼近给定的所需的方向图。图 8.10 显示了一个由不规则阵列获得的波束方向图。在该图中，通过在宽度为 $d - 0.5$ 的区间内选择一个伪随机步长，将阵列单元从它们的常规位置（d 波长间距）上移开，这确保了阵元至少间隔半个波长。图 8.10（a）显示了平均间距 d 为 2/3 的 21 个单元的阵列在 u 空间中的响应。指定一个以宽边为中心的波束宽度为 40° 的扇形波束。规则阵列的方向图在 u 空间中的重复周期为 1.5（等于 $1/d$），在图中以点线的响应表示。不规则阵列的"重复"被视为迅速退化，但是重要的方向图位于 u 空间的区间 $[-1,1]$ 中。这部分响应导致了实空间中的真实方向图，如图 8.10（b）所示。注意到，副瓣高达 -13dB，比图 8.6、图 8.8 和图 8.9 所示的

规则阵列的方向图要差，尽管这个幅度随着实际选择的阵元位置集的不同而变化很大。选择积分区间 I 为[-1,1]，给出全角度范围内（从-90°到+90°，即它对阵列线的反射）的最小二乘误差的解。这相当于将 $\text{rect}(u/2)$ 包含在式（8.34）的被积函数中。这同样对 $\boldsymbol{b}$ 的分量没有影响 [因为 $g(u)$ 在这个 rect 函数中]，但对于 $\boldsymbol{B}$ 的分量，它给出了值 $B_{rs} = 2\,\text{sinc}\,2(x_r - x_s)$。这与取 u 的一个周期的情况相比，其中 rect 函数的宽度为 U，因此包含 $\text{rect}(u/U)$ 并得到 $B_{rs} = U\,\text{sinc}\,U(x_r - x_s)$。

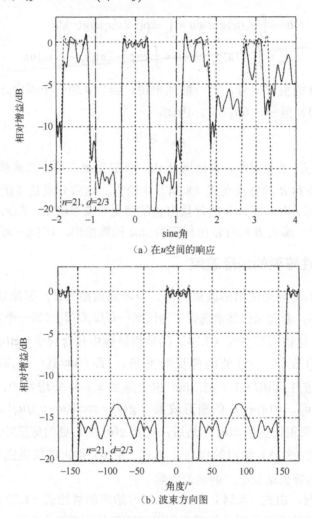

（a）在 u 空间的响应

（b）波束方向图

图 8.10　不规则线性阵列的扇形方向图

图 8.11 给出第二个示例，对于 51 个单元的阵列，说明了转向的影响。在图 8.11 中，40°的扇形波束被转向至 10°，并且再次看到在波束的 u 空间中近似重复的快速恶化，还看到尽管幅度和第一阵列的那些大致相当，但副瓣非对称的方向图。平均间隔为 0.625 波长，u 中的重复周期为 1.6。如果将波束转向至 30°（见图 8.12，使用相同的阵列），波束质量会明显下降。这是因为其中重复波形之一的部分落在方向图误差最小化的区间 I 内，所以在所需方向图中该波束（以 $u = -1$ 附近为中心）应为 0 的部分减少。同时，所需波束

相对应的部分（以 $u = \dfrac{1}{2}$ 为中心，转向方向为 30°）应是单位 1，因此该方案试图将这一幅度抬高。注意到，电平最终接近-6dB，这对应于 0.5 的幅度，表明在这两个要求之间的误差已被均衡。从点线的响应中注意到，这个结果与使用规则阵列（重复部分相同）得到的结果几乎相同。

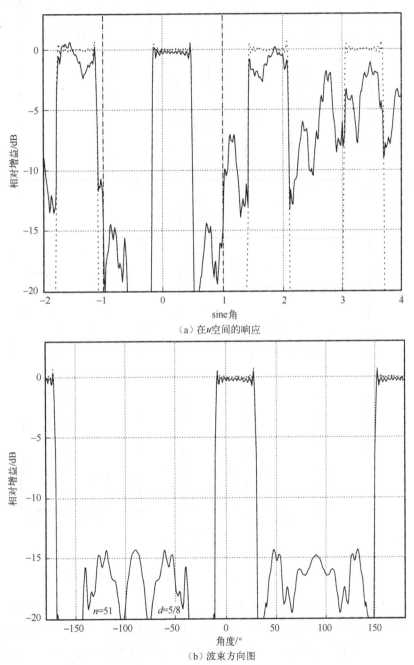

（a）在 u 空间的响应

（b）波束方向图

图 8.11　不规则线性阵列的扇形方向图，波束在 10°

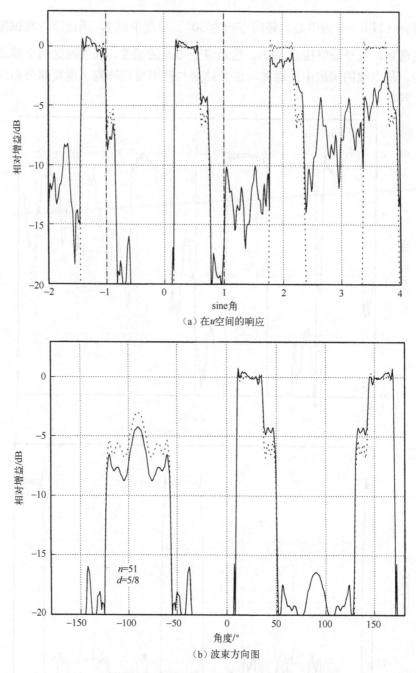

（a）在 u 空间的响应

（b）波束方向图

图 8.12　转向不规则线性阵列的扇形方向图，波束在 30°

　　事实上，通过选择宽度为 1.6（重复周期）而不是 2，可以避免这个问题，从而保持扇形波束的质量。并且，如果使 I 以 u_1 为中心，即扇区的中心，那么可确信整个扇区均在区间 I 内。因此，在积分中包含一个因子 $\text{rect}\big((u-u_1)/U\big)$ 的情况下，$U = 1/d = 1.6$。同样，分量 b_r 的积分不受影响，但分量 B_{rs} 现在将由此 rect 函数的变换给出，在 $(x_r - x_s)$ 处计算 $U\,\text{sinc}(x/U)\exp(-2\pi iu_1 x)$。结果如图 8.13 所示（对于同一阵列），表明所需的扇形波束现在得以保留，但在这种情况下，在 -90° 左右有一个大的波瓣，几乎全部高度为

0dB。这是从 $u = -1$ 附近的近似栅瓣边缘得出的，在实角度区间（$-1 \leqslant u \leqslant 1$）内。150°
处的大波瓣是 30° 处想要波瓣的 90° 左右的反射。如前所述，可以通过使用背向反射器
单元来移除该波瓣，但一些较大的波瓣（在 -90°～-50° 区间）不会被移除。此外，在
-50°～-20° 区间中有相当高的副瓣，这些副瓣来自 u 响应的部分，不在为 I 选择的方
向图优化区间内。

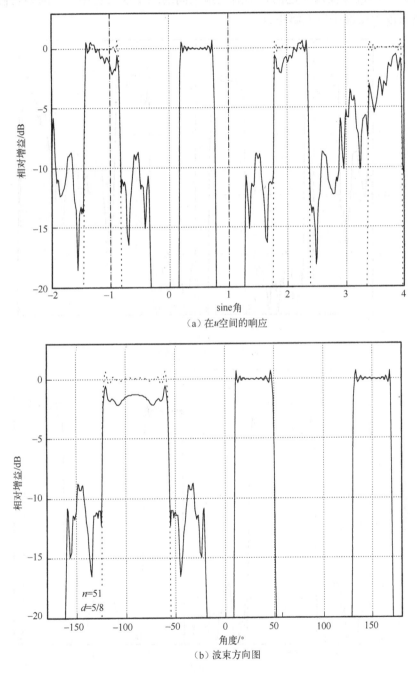

（a）在 u 空间的响应

（b）波束方向图

图 8.13　不规则线性阵列的扇形方向图，波束在 30°，在 u 的一个周期内最优化

由图 8.11 至图 8.13 可知 I 的选择是如何影响方向图的。最后，选择 I 作为前两个近似

栅瓣之间的整个区间，因此它的宽度为 $2U-u_0$，其中 u_0 是所需扇区的宽度，像之前一样使 I 以扇区中心 u_1 为中心。因此，在式（8.34）中使用 $\text{rect}((u-u_1)/((2U-u_0)))$，以便

$$B_{rs} = (2U-u_0)\text{sinc}((2U-u_0)(x_r-x_s))\exp(-2\pi i(x_r-x_s)u_1)$$

对于图 8.11～图 8.13 中相同的阵列，得到图 8.14。在−90°附近仍有较大的波瓣，这是由 $u=-1$ 附近的近似栅瓣引起的，但是主瓣之间的副瓣现在更小了，因为它们产生 u 响应的区间现在包含在最小方差解中。

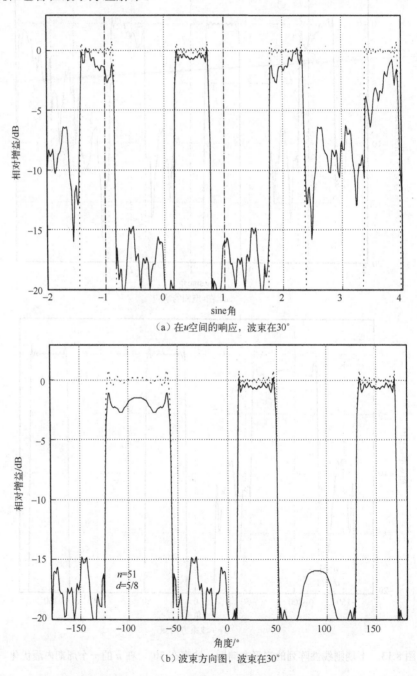

（a）在 u 空间的响应，波束在30°

（b）波束方向图，波束在30°

图 8.14　不规则线性阵列的扇形方向图，波束在 30°，在小于扇形宽度的两个周期内最优化

因此，虽然可以找到不规则阵列的解，但其有用性受到两个原因的限制：用于形成所需方向图的非正交指数函数集合（来自非规则阵列位置）不如在规则情况下使用的集合，并且如果阵元间隔最小为 0.5 波长，不规则阵列必须有大于 0.5 波长的平均间隔，这将导致栅瓣（或近似栅瓣）效应。

8.5　小结

由于通过线性孔径的电流激励与产生的波束方向图（以方向余弦坐标 u 表示）之间存在傅里叶变换关系，因此有机会将规则和对方法应用于波束方向图设计中的适当问题。这存在一个现在所熟悉的优点，即在孔径分布和波束方向图之间提供清晰的关系，两者都用相对简单的函数组合来表示。

然而，还有一个复杂的点需要考虑：在这种情况下，"角度"坐标不是物理角度，而是沿着孔径线的余弦方向。本书取从宽边到孔径测量的角度为 θ，并将相应的傅里叶变换变量 u 定义为 $\sin\theta$，因此 $u = \cos(\pi/2 - \theta)$，即沿孔径线测量的角度的余弦。在此 u 域中，波束形状随着波束的转动保持不变，而在实空间中，当波束向孔径的轴转动时，波束形状变长。此外，孔径分布的变换产生一个函数，该函数可以对 u 中的所有实数值进行求值，但只有 $-1 \sim 1$ 范围内的 u 值对应于实数方向。

连续孔径和离散孔径都可以被分析，离散孔径对应于具有点、全向、阵元的理想天线阵列。本章集中讨论了离散或阵列的情况。规则的线性阵列是非常常见的，特别适合于规则和对的分析形式。在这种情况下，规则的分布（comb 函数）在 u 空间产生一个周期性的方向图（rep 函数）。在定向波束的情况下，该波束的重复是潜在的栅瓣，这通常是不希望的，但是如果重复间隔足够（充分大），则在 u 的基本间隔内将不存在与实空间相对应的重复，因此没有栅瓣。通过这个方法可以很容易地找到这个（阵元之间的距离不超过半波长）的条件。8.3.2 节研究了用于产生不同的低旁瓣方向图的定向波束的两种变化。无论是否为实际应用带来了有用的解决方案，这些练习都旨在说明如何应用规则和对方法，以相当小的努力实现相对具有挑战性的问题的解决方案。在 8.3.3 节中可以看到，使用规则和对方法可以很容易地以恒定增益产生覆盖扇区的非常好的波束。

这些方法还可以解决不规则线性阵列的情况。然而，规则和对技术不适合直接寻找离散孔径分布，当阵元不规则放置时，该分布将给出特定的方向图。取而代之的是，将问题表述为阵列生成的方向图与所需的方向图之间的最小二乘误差匹配。在这种情况下，离散孔径分布是一组线性方程的解，可以方便地用矢量矩阵的形式来表示。矢量和矩阵的元素都是在由阵元位置定义的点上求出的傅里叶变换函数。再次考虑扇形方向图问题，结果表明，这种方法给出的解与在规则阵列情况下直接由傅里叶变换给出的解相同，证明了这种解确实是最小二乘误差解。对于不规则阵列，根据需要获得扇形方向图，尽管可能有更高的副瓣电平，并且对阵列（对于单元的数量不应太不规则或孔径太宽）和波束可以从宽边转向的角度有一些限制。这些限制并不是该方法的缺点，而是不规则阵列结构的结果，这使得实现给定结果更加困难。如果阵元不太靠近（最好至少相隔半个波长），那么不规则阵列的单元将有超过半个波长的平均间隔，从而导致一些栅瓣效应，这似乎是不可避免的（即使使用定向单元来移除方向图的后半部分），除非保持平均单元间距较低，并且转向时不要离宽边太远。

结　束　语

在第 3 章～第 8 章中，规则和对技术的使用示例说明了其广泛的应用范围，以及如何使用非常小的傅里叶变换对来解决一些相当复杂的问题。该方法似乎非常成功，但更仔细观察应注意到，解决的函数主要是幅度函数——唯一的相位函数是时延引起的线性相位函数。诸如 chirp（线性调频）脉冲或非线性相位均衡的频谱之类的课题尚未解决，因为至少在目前的方法中，该方法不能处理这些问题。这里可能有机会为这些情况开发类似的微积分。

在第 6 章和第 7 章中，大量的工作旨在说明过采样（在某些情况下，仅通过相对较小的因子）在减少信号处理中所需的计算量方面的好处。随着计算速度的不断提高，人们有时会觉得在减少计算需求方面应该付出很少的努力。然而，除了获得更优雅的问题解决方案的满足感之外，可能还有很好的实际原因。类似于 C. Northcote Parkinson 的定律，"工作将被扩展，以便填满可供完成工作的时间"，这里似乎存在一个技术上的等价理论："用户需求上升以满足（或超过）设备的能力。"尽管在任何时候，计算速度的提高可以使当前的问题被轻松地处理，从而允许使用效率低下的实现方式，但需求很快就会上升以利用提高的性能——更高的带宽系统、更实时的处理和更全面的仿真，等等。成本也可能是一个重要因素，特别是对实时信号处理来说——在低性能设备上进行一些理论上的努力，可能比需要昂贵的设备作为更直接的解决方案要经济得多，或者使处理能够用较少的硬件来完成。

最后，虽然使用仿真来研究系统的性能很有吸引力，但始终需要进行理论分析，以便为所需要的程序提供可靠的依据，并阐明系统性能对各种参数的依赖性。特别是，分析将定义性能的极限，并且如果实际的设备取得的结果接近极限，显然不可能有什么改进，也不需要寻求改进；另一方面，如果结果远远低于极限，那么显然可能有实质性的改进。傅里叶变换（现在合并了傅里叶级数）是一种有价值的分析工具，就 Woodward 的规则和对方法而言，它使这种操作更容易，结果更透明，是这种工具的一种受欢迎的形式。

作 者 简 介

作者毕业于牛津大学（碰巧的是，他与 P. M. Woodward 是同一个学院的成员，P. M. Woodward 的工作是这本书的起点）物理学专业之后，于 1959 年加入 Plessey 公司在 Roke Manor 的电子学科研机构——现在的 Roke Manor 机构。除了一次短暂的休息，直至 2002 年退休，他一直留在上述机构，研究各种电子系统，并在开放大学取得了数学学位以协助这项工作。他感兴趣的主要研究领域是自适应干扰消除（尤其是对雷达）、自适应阵列、超分辨率参数估计、盲信号分离和多点定位。他在伦敦大学学院获得博士学位，博士论文研究超分辨率系统的理论性能。